一生中重要的66个法则

本书编写组◎编

YISHENGZHONG

ZHONGYAO DE

66 GE FAZE

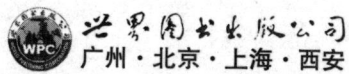

世界图书出版公司
广州·北京·上海·西安

图书在版编目（CIP）数据

一生中重要的 66 个法则／《一生中重要的 66 个法则
》编写组编．—广州：世界图书出版广东有限公司，2011.3（2024.2 重印）
ISBN 978 - 7 - 5100 - 3363 - 6

Ⅰ．①一… Ⅱ．①一… Ⅲ．①成功心理 - 青年读物②
成功心理 - 少年读物 Ⅳ．①B848.4 - 49

中国版本图书馆 CIP 数据核字（2011）第 036080 号

书　　　名　一生中重要的 66 个法则
　　　　　　YISHENGZHONG ZHONGYAO DE 66 GE FAZE
编　　　者　《一生中重要的 66 个法则》编写组
责任编辑　李欣鞠
装帧设计　三棵树设计工作组
出版发行　世界图书出版有限公司　世界图书出版广东有限公司
地　　　址　广州市海珠区新港西路大江冲 25 号
邮　　　编　510300
电　　　话　020-84452179
网　　　址　http://www.gdst.com.cn
邮　　　箱　wpc_gdst@163.com
经　　　销　新华书店
印　　　刷　唐山富达印务有限公司
开　　　本　787mm×1092mm　1/16
印　　　张　10
字　　　数　120 千字
版　　　次　2011 年 3 月第 1 版　2024 年 2 月第 12 次印刷
国际书号　ISBN　978-7-5100-3363-6
定　　　价　48.00 元

前　言

生活没有旁观者，人生没有返程票，人的一生就是一条无法返程的单行线。

人生是一幕没有彩排的戏剧，每一刻都是现场直录，每个人无时无刻都在经营着自己。在纷繁复杂的社会中，人们都渴望能获得幸福，获得成功，希望自己每天都快乐。但是什么是幸福？怎样才能获得成功？怎样才能快乐呢？为什么有好多人就是抓不住？我们应该以什么样的姿态面对人生呢？……

我们以一种什么样的姿态走向成熟，走过人生，这不仅涉及生活的意义，更暗合生命的质量。人之天性本善良坦诚，只是在我们成长过程中，才有意无意地给自己裹上了一层坚硬的铠甲。渴望坦诚，又缺乏付出坦诚的勇气；寻求理解，却又惧怕别人的靠近……人生是短暂的，为什么要让自己活得那么累呢？人之所以烦恼横生，对人生困惑茫然，很多时候并不是因为没有健康，而是因为没有智慧，没有了悟茫茫人生的真相。说出自己想说的话，让快乐与你轻松拥抱，让烦恼低头悄悄走掉，这才是真正的海阔天空，才是真正的永恒美丽，其实生活就是这么简单！

《一生中重要的66个法则》以感悟的方式发掘浅显故事中蕴含的有关哲理，帮助青少年朋友修心养性，提升智慧，做一个生活中的智者，拥有快乐的人生。翻开它吧，这是一本福至心灵的书，也是一本可以改变人生

的书，一本让你终身受益的书，一本值得细心珍藏的书。

人生有许多困难和失败，这只能算是岁月之歌中的一串不协调的颤音。通过勤奋和拼搏，仍然能弹出动听的生命之音，同样会赢得热烈的喝彩！青春仅有一次，生命仅此一回，让我们用心、用真情歌唱这美丽而又珍贵的生命之音吧！

YISHENG ZHONG ZHONGYAO DE
66GE FAZE

目 录
Contents

自己的"地盘"自己做主

当自信充满你的心间的时候，成功就离你不远了。因为，一分自信，一分成功；十分自信，十分成功。自信，就是通向成功的通行证。

自信是成功的基石

人要发展争取成功，总不会轻而易举，一帆风顺，尤其是选择了远大的目标，更有可能命运多舛，经历磨难，甚至会遭遇意外的灾难……这种种挫折和压力不是使人的能动性萎缩、破碎，甘愿认命，就是使人的能动性强化、坚韧，万难不屈。如果没有了自信，你就不会往高处走了。

请看命运不幸的陈玉书是怎样成为亿万富翁的。他1941年出生在印尼。19岁时，他怀着一颗热爱新中国的赤诚之心，远离较为富裕的家庭，只身归国。1964年，他从北京师范学院历史系毕业，按当时的政策规定，先到农村劳动锻炼了一年，然后被分配到北京西颐中学教历史课，每月工资54元。

没想到横祸飞来，只因他在讲党史课时，依据萧三《毛泽东的青少年时代》一书的说法讲了毛泽东是富裕农民家庭出身，结果被打成"猖狂污蔑伟大领袖毛主席的反革命分子"，"罪该万死"。从此，他身陷地狱，一颗心破碎了。不久，又经历了"文化大革命"的灾难，他的处境之险恶、悲惨也就可想而知了。

70年代，他去香港谋生。当时他身上只有临走时从国家外汇局兑换的

1

50元港币，一到香港就成为启德机场运石填海的地盘工。这种劳动又苦又累，整天汗流浃背，只能穿短裤背心……如此谋生对一个知识分子来说，很容易造成沉重的心理压力。但他一点也不觉得难为情，不怕丢人。他知道在资本主义世界求生存，干事业，必须要有两手准备：积累资金，搜集信息。积累资金，只有靠一点一滴节余，而信息灵通呢？他也能从实际出发，处处留心。每天下班，他要乘摆渡船，每当船靠码头时，他不急着往外走，总是留在最后再走，为的是把乘客们看过丢下的报纸拾起来，带回住处如饥似渴地阅读。这样既学习了各种知识，又了解了社会的现实情况。如此暗自努力很不容易，若缺乏自信和主动意识，没有预期的目标，是不会这么坚持不懈的。这为他后来在关键问题上善于决断，善于抓住机会，打下了可靠的基础。

五六年后，陈玉书办起了"繁荣公司"，不过一两年就赚了100万元。商场风云，瞬息变幻。他这边发了财，在台湾那边的投资生意却遭到惨败，赔了200万元，濒临破产。这种惨重的打击，又是对一个人的心理弹性、自信强度的严峻考验。就在他再次奋起进取之时，他得知一个信息：北京的景泰蓝大量库存，因为景泰蓝的市场很不景气，不得不削价处理。他依据信息分析，认准用不了多久，情况就会变化。于是他筹集资金，大胆在北京签下1000万元的包销合同，很快他时来运转，生意兴隆，成为亿万富翁，成为世界景泰蓝大王。

卡耐基讲述了美国内战期间发生的一件事：

玛丽·贝克·艾迪是一位基督教信仰疗法的创始人，她认为生命中仅有疾病、愁苦和不幸。她的前任丈夫在婚后不久就离她而去，第二任丈夫又狠心地抛弃了她。她只有一个儿子，由于生活的极度贫困，她又不得不将他送走。从此，她的儿子就音讯全无，以后的31年中，母子俩再也没见过面，她的健康受到了极大的损害，而她又一直对"信心治疗法"表现了极大的兴趣。可是她生命中戏剧性的转折，却发生在纽约。

在一个寒冷异常的日子里，她在城中闲逛着，不幸的她因为路滑而摔倒，并且昏了过去。她的脊椎受到了损伤，她不停地痉挛，医生认为她不可能再活多久。即使她能奇迹般地挺过来，她也要和轮椅相伴余生。

躺在一张看来像是送终的床上，玛丽·贝克·艾迪打开《圣经》。她后来说，她读到马太福音的句子："有人用担架抬着一个瘫子到耶稣跟前来，耶稣……对瘫子说，放心吧，你的罪赦了……起来，拿你的褥子回家去吧。那人就站起来，回家去了。"

这几句话在她的一生中产生了一种无法抵挡的力量。一种自信，一种能医治她的力量，使她"立刻下了床，开始行走"。

"这种体验，"艾迪太太说，"就像引发牛顿灵感的那个苹果一样，使我发现自己怎样地好了起来，以及怎样地也能使别人做到这一点……我可以很有信心地说：一切的原因就在你的脑子中，而一切的影响力都是心理现象。"

"我能，我一定能。"便是成功心态的直接体现，当我们在心里不断地发出这种积极的声音之时，我们生命的所有能量和积极性都被调动起来，它们化成强大的动力，驱赶着我们体内的惰性，引导着我们奇迹般地向着所渴望的梦想的方向和目标前进，绕开路上的一切障碍、馅饼，战胜一切困难，直到成功。

扳本保之介先生是日本能力开发研究所所长，但在中学一年级以前，他一直被认为是脑子笨的学生，在一年级的 500 名学生中，他名列第 470 名。初中二年级后，他逐步赶了上来，进入了前 10 名。为什么在短时间内取得这么大的成绩？他在总结中不无感慨道，是他父亲的帮助和鼓励，使他克服了自卑感，树立了自信心。他的父亲经常对他说："你无论是下河捕鱼，还是上山捉鸟，都干得非常出色，这就证明你的头脑比一般人好；下围棋或下象棋的规则，我一教你，你马上能学会，如果把这种精神用在学习上，学习成绩一定会提高的。"这样，他逐渐解脱了束缚自己的自卑绳索，刻苦努力，终于成为著名的学者。

梅尔文·亚班斯从事的是培养推销员的工作，但他最擅长的是激发每个人都具有潜能。他负责把某人从不能发挥特长的工作岗位，调到更能发挥才能的职位上，而且往往都会获得非常好的成效。他称自己从事的工作是"人类改造业"。他喜欢人、相信人，能在人们身上发掘出未开发的能力，并帮助人们实现自身的发展。

有一个叫杰克的青年，担任非常 ____ 的事务性工作。他很有才能，善

于交际，待人和善，工作认真，他经常提出促进生产的新构想。不仅如此，他还能很好地激励周围的人奋发向上。亚班斯很钦佩杰克，认为他还有许多未开发出来的潜能，于是就问他："你认为这家公司如何？"

"我认为它是世界上最好的，能在这里工作对我是很大的鼓励，我准备成为公证会计师。"亚班斯这样对他说："让我说出我对你的看法吧！也许你会惊讶，你有非常好的推销天分。你热爱公司的产品，如果负责销售，一定能获得最好的成绩，不论对公司或你自己都能带来很大的利益。"

这意外的建议使杰克惊讶极了，很自然地流露出了他的另一面，那就是不安与缺乏信心。"不，我对现在的工作很满意，我已经驾轻就熟，就像在自己的家里一样，改变工作可能会让我变成离水的鱼，我不可能改行做推销员。"他说出对自己的否定性评价，对离开安定的老巢显得很不安。

可是，亚班斯非常坚持："你并不了解你自己。你现在最需要的是不要怀疑，对自己要有信心，必须了解真正的自己。"亚班斯的热忱终于使杰克答应接受推销术的培训。后来连他自己都觉得惊讶，因为他对推销工作非常感兴趣。

讲习班的讲师对亚班斯说："你发现了一位可以说是天生的推销员。只是他本人还缺乏信心。""不久他就会有信心的。"亚班斯回答道。

杰克到外面去实际访问客户的一天终于来临了，他非常紧张。亚班斯对他说："我也一道去吧。在你负责的部分地区我可以和你一起。"

亚班斯把新推销员杰克带到成交可能性较大的顾客那里去。杰克发挥了他的社交特长，对方相当满意。他很仔细地观察亚班斯为他示范的推销法。在两人一道进行访问的过程中，杰克获得了宝贵的启示。亚班斯也把自己的信念与自信植入杰克的心中。不久，杰克真正相信自己的能力了，他改变了对自己的看法，产生了成就感，越来越喜欢这项工作。

有一天，亚班斯对这位新推销员表示，以后不能和他一起出去了，他必须自己一个人去面对客户，接着给他打气说："保持热忱，待人温和，对公司的产品和自己要有信心。"

"我一个人也做得来。"杰克带点不安地低声回答道。

"你绝不会孤独的。"亚班斯鼓励他。

后来，杰克发挥他的潜能获得了成功。亚班斯的判断没有错。

 **人生法则**

> 在现实生活中，有很多人都不能正确认识自己，这就使得他们缺乏自信，无法充分发挥自己的才能。人是不能没有自信的，自信是令人难以置信的伟大力量产生的源泉。一个人拥有了自信，便拥有了成功的前提。

相信你一定行

一位名人说："我们对自己抱有信心，将是别人对自己萌生信心的绿芽。"由此可见自信是多么重要！我们的自信，能直接奠定我们在别人心目中的地位，在很大程度上改善我们的人生处境，从而提升我们的人生价值。

10岁的詹妮，总感觉自己不够漂亮，所以走路时总是低着头，更不敢往人多的地方走。她认为，在家里，漂亮的姐姐和活泼的弟弟占据了父母的全部爱心，所以她常常做"隐形人"。在学校，她从来不主动举手发言，成了被老师和同学们忽略的学生。

一天在上学的路上，一家饰品店的橱窗中摆放的一个粉色头花吸引了詹妮。詹妮非常喜欢，就买了下来，并把它戴在头上。商店里的阿姨不断称赞戴上头花的詹妮很漂亮，因为从来没有人如此热烈地夸奖她，所以她开心地在镜子前照来照去，不由自主地抬起了头，她发现现在的自己真的很漂亮。她急于让大家看看自己的漂亮模样，以至于出门时与人撞了一下都没在意。

詹妮仰着头走进教室，迎面碰上了她的老师，"詹妮，你抬起头来真美啊！"老师爱抚地拍拍她的肩说。

"詹妮，你抬起头可真漂亮啊！"周围的同学都带着诚恳的微笑和她打招呼。

下午放学了。詹妮仰着头回到家里。"詹妮,我的宝贝儿,你今天抬起头来真漂亮!"父母亲热地拥抱着她。

就在这一天里,詹妮得到了许多人的赞美,她认为这一定是自己头花的功劳。晚上,回到自己的房间,开心的詹妮跑到镜前去照,啊,头花呢?突然她想到出饰品店时和一个人撞到了,肯定那个时候头花就掉了。

这时,詹妮陷入了沉思:既然头花掉了,为什么大家都这么赞赏我呢?今天的我有什么特别的地方吗?

她一点一点地回忆,原来老师、同学和爸爸妈妈都说了"你今天抬起头来真漂亮"的话,哦,原来秘密就在这里!

有这样一个关于军人和成功学大师拿破仑·希尔的故事。

多年以前,一个年轻的退伍军人来找希尔。

这位军人想要找一份工作,但是他觉得很茫然也很沮丧:只希望能养活自己,并且找到一个栖身之处就够了。他黯然的眼神告诉希尔,哀莫大于心死。这一个年轻人本来前途大有可为,但却胸无大志。希尔非常清楚,是否能够赚取财富,都在他的一念之间。

于是希尔问他:"你想不想成为千万富翁?赚大钱轻而易举,你为什么只求卑微地过日子?"

他回答:"不要开玩笑了,我肚子饿,需要一份工作。"

希尔说:"我不是在开玩笑,我非常认真。你只要运用现有的资产,就能够赚到几百万元。"

"资产?什么意思?"他问,"我除了穿在身上的衣服之外,什么都没有。"

从谈话之中,希尔逐渐了解到,这个年轻人在从军之前,曾经担任富勒·布拉许的业务员,在军中他也学得一手好厨艺。换句话说,除了健康的身体、积极的进取心,他所拥有的资产,还包括烹调的手艺及销售的技能。

当然,推销或烹饪并无法使一个人晋身百万富翁之列,但是这个退役军人找到了自己的方向,许多机会就会呈现在眼前。

希尔和他谈了两个小时,看到他从深陷绝望的深渊中,变成积极的思考者。希尔的一个灵感鼓舞了他:"你为什么不运用销售的技巧,说服家庭主妇,邀请邻居来家里吃便饭,然后把烹调的器具卖给他们?"

希尔借给他足够的钱，买一些像样的衣服及第一套烹调器具，然后放手让他去做。

第一个星期，他卖出铝制的烹调器具，赚了100美金。第二个星期他的收入加倍。然后他开始训练业务员，帮他销售同样式的整套烹调器具。

过了4年以后，他每年的收入都在100万元以上，他还自行设厂生产。

很多人对自己没有信心，认为自己没有信心，认为自己没成功的机会，其实，我们只有去行动了，才会知道有什么样的结果。

1960年，哈佛大学教授罗森塔尔博士在美国加州的一所学校进行了一项试验。他声称，他制造出一种仪器，能够找出最优秀的人，并能发现那些将来会出人头地的人。他先从教师中选出几个人，然后又从全校的班级中选出几个班的学生作为实验对象。他对选出的老师说："我从全校的老师中选出你们几位，因为你们是最优秀的老师。这几个班级的学生也是最聪明、最有可能有所成就的学生，他们将由你们来教。我相信，最优秀的老师和最聪明的学生的组合，将会产生非凡的教学结果，我的仪器不会出错。"

一年过去了，当罗森塔尔博士再次来到这所学校时，他发现那些老师个个表现优异，而他们所教的班级也成为整个学校的明星班级。罗森塔尔再次召集这些老师开会，他对老师们透露说："实际上，我并没有那样一种预测未来的仪器。那些学生都是最普通的学生，我只是随机抽取了几个班级。"

老师们对此一阵诧异。罗森塔尔博士接着说："实际上，各位老师也并不是我挑选的最优秀的老师，而是我随手抽调出来的。你们是些普通的老师，教的是普通的学生，但是你们取得了这样的好成绩。各位老师一定知道原因在哪里。"

一位老师说："是的，博士。我知道，当我们被告知是最优秀的时候，我们就努力做最优秀的。我们的学生是聪明的、与众不同的。他们犯错误时，我们也一样有耐心帮助他们，因为他们是聪明人，他们只是无意中出了错。我们从来不打击批评学生，我们鼓励他们做到最好。我们都认为自己是不普通的，于是我们就不再普通。"

罗森塔尔听完，会心地笑了。人人都可以不普通的。如果你在心里认

为自己是最优秀的人，你就会按照最优秀的人的标准来要求自己。如果你相信自己能够成功，你就一定能成功。只有先在心里肯定自己，你才能在行动上充分地展现自己。

著名的诗人流沙河是这样描述自信的："自信是石，敲亮星星之火；自信是火，点燃熄灭的灯；自信是灯，照亮前行的路；自信是路，引人走向黎明。"

是的，我们生命中的每一个黎明都是从自信的地平线上升起的，每一座成功的金字塔都是由自信的石块砌成的。做一件事如果没有信心，那么你就失败了一半；相反，如果你充满了自信，那么你就成功了一半。如果一个人在自信的情况下失败了，那他会更加发奋努力，因为他有坚韧的追求成功、期待成功的信念；如果因为不自信而失败，那他只会处于焦虑状态而无可奈何。

范德·比尔特说过："一个充满自信的人，他的事业总是成功的；而没有自信的人，永远不会踏进事业的门槛。"这句话使我们不由得想起这样一则故事：

罗杰·罗尔斯是纽约州历史上第一位黑人州长。他出生在声名狼藉的大沙头贫民窟，这里的孩子整天无所事事、东游西逛，罗杰就是其中的一位。但是，小学时期的一位校长改变了罗杰的命运。有一天当罗杰·罗尔斯从窗户上跳上跳下、伸出小手走上讲台时，校长皮尔保罗说："我一看你修长的小手指，就知道你将来是纽约州的州长。"罗杰·罗尔斯大吃一惊，因为自己长这么大，还是第一次被表扬，并且是校长的表扬，这着实出乎他的意料。从此他信心倍增，纽约州州长就像一面旗帜，深深地印在了他脑海中，他时刻以州长的身份要求自己。51 岁那年，他真的成了纽约州的州长。他在就职演说时说："在这个世界上，自信这个东西任何人都可以免费获得，所有的成功者都是从一个小小的自信开始的。"

校长的一句预言使罗杰·罗尔斯产生了自信，并且坚定了自己的信念，最后梦想成真。

自信是成功的一半。或者说，自信是成功的第一步。古往今来，许多人之所以失败，究其原因，不是因为无能，就是因为不自信。自信，使不可能成为可能，使可能成为现实。不自信，使可能变成不可能，使不可能变成毫无希望。

毕淑敏说过："我并没有魅力，但我拥有自信。世界上最受欢迎的人从来不是那种不停地往后看着昨天的脚印悲伤、失败和惨痛挫折的人，而是那种怀着信心、希望、勇气和愉快的求知欲而放眼未来的人。"

人生法则

> 当自信充满你的心间的时候，成功就离你不远了。因为，一分自信，一分成功；十分自信，十分成功。自信，就是通向成功的通行证。

自信的价值

自信是成功的开始。在做一件事情之前，如果你认为自己做不好，那么你就失败了一半，即使你有这方面的能力；相反，如果你对自己充满了自信，那么你起码成功了一半，另一半则靠自己的能力了。

在一次演讲会上，她站在台上，时不时地挥舞着她的双手；她仰着头，脖子伸得好长好长，与尖尖的下巴扯成一条直线；她的嘴张着，眼睛眯成一条线，诡谲地看着台下的学生；偶然她口中也会哎哎语语的，不知在说些什么。基本上她是一个不会说话的人，但是，她的听力很好，只要对方猜中，或说出她的意见，她就会乐得大叫一声，伸出右手，用两个指头指着你，或者拍着手，歪歪斜斜地向你走来，送给你一张用她的画制作的明信片。

你一定不会想到这样的一个人竟然是台湾家喻户晓的画家，台湾十大杰出青年奖章的获得者——黄美廉，一位自小就患脑性麻痹的病人。

黄美廉出生于台南，出生时由于医生的疏忽，造成她脑部神经受到严重的伤害，以致颜面、四肢肌肉都失去正常作用。当时她的父母抱着身体软软的她，四处寻访名医，结果得到的都是无情的答案：她不能说话，嘴还向一边扭曲，口水也止不住地往下流。6岁时，她还无法走路，妈妈听说患有脑性麻痹者到二三十岁时仍在地上爬，无法想象她的未来，绝望地想

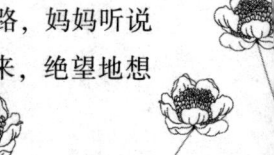

把她掐死，再自杀。

脑性麻痹夺去了她肢体的平衡感，也夺走了她发声讲话的能力。从小她就活在肢体不便及众多异样的眼光中，她的成长充满了血泪。然而她没有让这些外在的痛苦击败她内在的奋斗精神，她昂然面对，迎向一切的不可能，终于在1993年获得了加州大学艺术博士学位。她用她的手当画笔，以色彩告诉人"寰宇之力与美"，并且灿烂地"活出生命的色彩"。

在一次演讲会上，有一位学生问黄美廉："你从小就长成这个样子，请问你怎么看你自己？你没有怨恨吗？"

黄美廉转身用粉笔在黑板上重重地写下"我怎么看自己"这几个字。她写字时用力极猛，有力透纸背的气势，写完这个问题，她停下笔来，歪着头，回头看着发问的同学，然后嫣然一笑，转过身在黑板上龙飞凤舞地写了起来：

一、我好可爱！

二、我的腿很长、很美！

三、爸爸妈妈这么爱我！

四、上帝这么爱我！

五、我会画画，我会写稿！

六、我有只可爱的猫！

七、还有……

八、……

忽然，教室内鸦雀无声，没有人敢讲话。她回过头来定定地看着大家，再回过头去，在黑板上写下了她的结论："我只看我所有的，不看我所没有的。"学生群中响起了掌声，黄美廉倾斜着身子站在台上，满足的笑容从她的嘴角荡漾开来，眼睛眯得更小了，有一种永远也不被击败的傲然，写在她脸上。

一个残疾人，能够取得如此辉煌的成就，可以说是她发自心底的自信，激发了她的才能，使她获得了成功。

古人云："人不自信，谁人信之。"建立自信，应该从相信自己、赏识自我做起。相信自己，就是对自己的认可和支持，"我能行"，"我也会成功"。积极的自我暗示，能够激起强烈的成功欲望。在战胜困难、实现目标的过程中，表现出果敢的勇气和必胜的信念。

一个人在夜晚行路，不小心跌倒在一条小溪里。他不会游泳，在水中动也不敢动一下，最后被淹死在水中。天亮后，人们发现，淹死他的地方的水还没到膝盖。只要他站起来，就不会被淹死了。可是这个人始终没有想起要站起来。

说句实话，与其说这个人是被淹死的，还不如说他是被自己吓死的，因为他没有自信。

一位美国心理学家说过这样一句话："实际上我们绝大多数人本都可能比实际中的自己更伟大些，只是我们缺乏一种不懈的努力和自信。"

1945 年 7 月 25 日，第二次世界大战战胜方的三巨头之一丘吉尔参加波茨坦会议后告别斯大林和杜鲁门，飞回伦敦等候战后首次大选的开票结果。然而，选举结果如晴天霹雳，震撼了丘吉尔，也震撼了全世界。工党以绝对优势取胜，保守党被撵出政府，丘吉尔丢掉了首相职务。

这个结果对丘吉尔的打击是异常沉重的，这个结果对于一个在"二战"中历尽艰辛，率领英国人民获得胜利的领导者来说，显然也是不公平的。尽管女王授予他功臣勋章和嘉德勋章，仍无法减轻这种打击。丘吉尔很悲伤，抱怨英国人忘恩负义。

然而，正如丘吉尔在后来阐述他人生中的座右铭时所说的那样："人生就要绝不、绝不、绝不放弃。"丘吉尔并没有就此退出历史舞台。相反，他坚持在下议院当了 6 年反对党领袖，直到 1951 年 10 月再次出任首相。此时，他已是 77 岁高龄的老人了。

不仅如此，丘吉尔还凭借自己出众的智慧，敏锐地预见到，第二次世界大战必然是世界历史上的一件大事，也将是他政治生涯中的一段辉煌。所以从下台起，他就开始准备创作一部关于第二次世界大战的巨著。

虽然每天能创作近一万字，丘吉尔还是用了整整 7 年的时间，一直到 1951 年，才将《第二次世界大战回忆录》最后完成。

丘吉尔之所以能够取得如此巨大的胜利，就是因为在他的心里，有一种强烈的信念，他相信某些事比他自身更强大，这些更具有力量的事物正

自己的"地盘"自己做主

是他想去征服的。当他面对那些具有压倒一切、显示出巨大威慑力的山峰时，这种信念就会让他充满力量，敢于向最大的危险挑战，这也是他希望做的事情。

也正是这种信念使赢家敢于做别人不敢做的事，像登山一样，有人已经确定了某些路线是不能走的，但是赢家并不信这些，他们就要从这些路线攀上山顶。赢家不仅敢于向可能性挑战，而且更重要的是，他们敢于向不可能性挑战。

战胜不可能性，获得真正的胜利，这是赢家最大的特性。

著名的科学家史蒂芬霍金十三四岁时已下定决心要从事物理学和天文学的研究。17岁那年，他考到了自然科学的奖学金，顺利入读牛津大学。学士毕业后他转到剑桥大学攻读博士，研究宇宙学。但是不幸的是，不久他就发现自己患上了会导致肌肉萎缩的卢伽雷氏症。由于医生对此病束手无策，起初他打算放弃从事研究的理想，但后来病情恶化的速度减慢了，他便重拾心情，排除万难，从挫折中站起来，勇敢地面对这次不幸，继续醉心于研究。

上世纪70年代，他和彭罗斯证明了著名的奇性定理，并在1988年共同获得沃尔夫物理奖。他还证明了黑洞的面积不会随时间减少。1973年，他发现黑洞辐射的温度和其质量成反比，即黑洞会因为辐射而变小，但温度却会升高，最终会发生爆炸而消失。

上世纪80年代，他开始研究量子宇宙论。这时他的行动已经出现问题，后来由于得了肺炎而接受穿气管手术，使他从此再不能说话。现在他全身瘫痪，要靠电动轮椅代替双脚，不但说话和写字要靠计算机和语言合成器帮忙，连阅读也要别人替他把每页纸摊平在桌上，让他驱动着轮椅逐页去看。

霍金一生贡献于理论物理学的研究，被誉为当今最杰出的科学家之一。他的著作包括《时间简史》及《黑洞与婴儿宇宙以及相关文章》。虽然大家都觉得他非常不幸，但他在科学上的成就却是在病发后获得的。他凭着坚毅不屈的意志，战胜了疾病，创造了一个奇迹，也证明了残疾并非成功的障碍。

20多岁就瘫痪在床，这对一个对未来充满憧憬的年轻人来说，无疑是毁灭性的打击，如果霍金从此放弃努力，那么他就会变成一个最普通的残

疾人，但疾病可以摧垮一个人的身体，摧不垮的是霍金钢铁般的意志，正如海明威所说："一个人并不是生来就要给打败的，你尽可把他消灭掉，可就是打不败他。"在正常人难以想象的艰难条件下，霍金用尚存的健全的大脑和思维证明了他的价值与勇气。事实上，古今中外，像霍金这样身残志坚做出突出成绩的人还有很多，如中国的吴运铎、张海迪，美国的海伦·凯勒、罗斯福。音乐大师贝多芬，他的交响乐《命运》如重棒响锤般敲打着每一个人的心灵，鼓舞人们向命运作不屈的抗争。他们为所有肢体健全的人作出了光辉的榜样。

人生法则

> 如果你想要成功，想要成为一个赢家，就应该成为一个自信的人，在进取中不断排除障碍，找寻攀登的道路，登上成功的顶峰。

把自信握在手中

有一个美丽的花园，里面长满了苹果树、橘子树、梨树、橡树和玫瑰花。这里真是一个幸福的天堂，每一个鲜活的生命都是那么生机盎然，它们相依相伴，每天都尽情地享受着大自然的清新、生活的无穷乐趣，满足地生活在这一方小小的天地之中。

可是，在这之前的一段时间里，花园里的情形却不是这样，有一颗小橡树愁容满面。可怜的小家伙一直被一个问题困扰着，它不知道自己是谁。大家众说纷纭，更加让它困惑不已。苹果树认为它不够专心："如果你真的尽力了，一定会结出美丽的苹果，你看多容易。你还是需要更加努力。"小橡树听了它的话，心想：我已经很努力了，而且比你们想象的还要努力，可就是不行。想着想着，它就愈发伤心。玫瑰说："别听它的，开出玫瑰花来才更容易，你看多漂亮。"失望的小橡树看着娇嫩欲滴的玫瑰花，也想和它一样，但是它越想和别人一样，就越觉得自己失败。

一天，鸟中的智者雕来到了花园，看到唯独可爱的小橡树在一旁闷闷不乐，便上前打听，听了小橡树的困惑后，它说："你的问题并不严重，地球上许多人面临着同样的问题。我来告诉你怎么办。你不要把生命浪费在去变成别人希望你成为的样子，你就是你自己，你永远无法变成别人，更没有必要变成别人的样子，你要试着了解你自己，做你自己，要想知道这一点，就要聆听自己内心的声音。"说完，雕就飞走了，留下小橡树独自思考。

YISHENG ZHONG ZHONGYAO DE 66GE FAZE

橡树自言自语道："做我自己？了解我自己？倾听自己的内在声音？"突然，小橡树茅塞顿开，它闭上眼睛，敞开心扉，终于听到了自己内在的声音："你永远都结不出苹果，因为你不是苹果树；你也不会每年春天都开花，因为你不是玫瑰。你是一棵橡树，你的命运就是要长得高大挺拔，给鸟儿们栖息，给游人们遮阴，创造美丽的环境。你有你的使命，去完成它吧！"

小橡树顿时觉得浑身上下充满了自信和力量，它开始为实现自己的目标而努力，很快它就长成了一颗大橡树，赢得了大家的尊重。这时，才真正实现了花园里每一个生命都快乐。

在生活中，所有人都有自己需要完成的使命和属于自己的位置，不要让任何事和任何人的思想阻碍你认识和享受你自己存在的美的真谛。只要你踏踏实实地去完善自己，你就是与众不同的人。

还有这么一个故事：

曾经有个孩子跟着父亲去参观梵高故居，父亲告诉他梵高的许多画是价值连城的。当他看过那张小木床及裂了口的皮鞋之后，就问父亲："梵高在世界上这么著名，难道不是百万富翁吗？"父亲答："不，恰恰相反，梵高是个连老婆都没娶上的穷人。"第二年，他又随父亲去了丹麦。在安徒生的故居前，他又困惑地问："安徒生不是生活在皇宫里吗？"父亲答："安徒生是一位鞋匠的儿子，他就生活在这栋阁楼里。"20年后，他在回忆童年时说："那时我们家很穷，父母都靠出卖苦力为生。有很长一段时间，我一直认为像我们这样地位卑微的黑人是不可能有什么出息的。好在父亲是个水手，每年往来于大西洋的各个港口，他带着我认识了梵高和安徒生。这两个人告诉我，上帝从不轻看卑微。"

他的名字叫伊东·布拉格，是美国历史上第一位获普利策奖的黑人记者。

人的生命是宝贵的，之所以宝贵，就是因为它承载着许多的价值。上帝给每个生命都赋予了很多的价值，其中有许多是金钱也无法买到的。维系这些高价值的东西，需要健康向上的心灵。而你心灵深处的自信，正是维系你所有价值的动力。所以任何人都无须轻看自己，只要你还活着，尽管你位处卑微。

有一位年轻人在大学里上学，有一天他忽然发现，大学的教育制度有许多弊端，便马上向校长提出。他的意见没被接受，于是他决定自己办一所大学，自己当校长来消除这些弊端。

办学校至少需要100万美元。上哪儿去找这么多钱呢？等毕业后去挣，那太遥远了。于是，他每天都在寝室内苦思冥想如何能有100万美元。同学们都认为他有神经病，做梦想天上掉钱来。但年轻人不以为然，他坚信自己可以筹到这笔钱。

终于有一天，他想到了一个办法。他打电话到报社，说他准备明天举行一个演讲会，题目叫"如果我有100万美元怎么办"。第二天他的演讲吸引了许多商界人士参加，面对台下诸多成功人士，他在台上全心全意、发自内心地说出了自己的构想。

最后演讲完毕，一个叫菲立普·亚默的商人站了起来，说："小伙子，你讲得非常好。我决定给你100万，就照你说的办。"

就这样，年轻人用这笔钱办了亚默理工学院，也就是现在著名的伊利诺理工学院的前身。而这个年轻人就是后来备受人们爱戴的哲学家、教育家冈索勒斯。

其实，生活中做什么事，信心很重要，而付诸行动就更重要。有人说，敢想就成功了一半，那另一半就是去做。这样，你就一定会成功。

有一位女歌手，第一次登台演出，内心十分紧张。想到自己马上就要上场，面对上千名观众，她的手心都在冒汗："要是在舞台上一紧张，忘了歌词怎么办？"越想，她心跳得越快，甚至产生了打退堂鼓的念头。

就在这时，一位前辈笑着走过来，随手将一个纸卷塞到她的手里，轻声说道："这里面写着你要唱的歌词，如果你在台上忘了词，就打开来看。"

她握着这张纸条，像握着一根救命的稻草，匆匆上了台。有那个纸卷握在手心，她的心里踏实了许多。她在台上发挥得相当好，完全没有失常。

她高兴地走下舞台，向那位前辈致谢。前辈却笑着说："是你自己战胜了自己，找回了自信。其实，我给你的，是一张白纸，上面根本没有写什么歌词！"

她展开手心里的纸卷，果然上面什么也没写。她感到惊讶，自己凭着握住一张白纸，竟顺利地渡过了难关，获得了演出的成功。

"你握住的这张白纸，并不是一张白纸，而是你的自信啊！"前辈说。

歌手拜谢了前辈。在以后的人生路上，她就是凭着握住自信，战胜了一个又一个困难，取得了一次又一次成功。

 **人生法则**

> 一个能握住自信的人，困难对他来说就不是高山，而是台阶；不是绊脚石，而是垫脚石。面对困难，他就不会忧心忡忡，而是在解决问题、克服困难上积极想办法。

自信的人生最美丽

我们每个人身上都有这样或那样的缺点，缺乏自信心便是其中的一种。这种人总是自怜自怨，认为自己从头到脚，从里到外，一无是处，甚至不敢昂首走路。难道这种人真的没有优点，没有任何可爱之处吗？不是！只是他们丢失了自信罢了。

在纽约郊区的一个贫民区里，一位家境贫穷的黑人小女孩从小失去了父亲，她和体弱多病的母亲相依为命。她母亲没有文化，没有技术，只能靠打零工维持母女俩的生计。小女孩很自卑，因为从来没穿戴过漂亮的衣服和首饰。在这样极为贫困的生活中，小女孩一天天地长大了。

在她15岁那年的圣诞节，妈妈破天荒给了她10美元，让她给自己买一

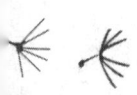

份圣诞礼物。

　　女孩很兴奋，她决定给自己买一件礼物。但是她没有勇气从大街上大大方方地走过，她捏着钞票，绕开人群，贴着墙角朝商店走。

　　一路上，她看见所有人的生活都比自己好，心中不无遗憾地想：我是这个街区最寒碜的女孩子。看到自己特别心仪的小伙子，她又酸溜溜地想，今天晚上盛大的舞会上，不知道谁会成为他的舞伴呢？她就这样一路想着心事躲着人群来到了商店。

　　一进门，女孩感觉自己的眼睛都被刺痛了，她看到柜台上摆着一批特别漂亮的缎子做的头花、发饰。

　　正当她站在那里发呆的时候，售货员对她说，"小姑娘，你的亚麻色的头发真漂亮！如果配上一朵淡绿色的头花，肯定美极了。"

　　她看到价签上写着8美元，就想着自己买不起，但还是忍不住试了。这个时候，售货员已经把头花戴在了她的头上，并拿起镜子让她看看自己。

　　当这个姑娘看到镜子里的自己时，突然惊呆了，她从来没看到过自己这个样子，她觉得这一朵头花使她变得像天使一样光彩照人！

　　这时售货员也赞叹道："漂亮极了，你简直是上帝派到人间的天使！"

　　女孩不再迟疑，掏出钱来买下了这朵头花。她的内心无比陶醉，无比激动，接过售货员找的2美元后，转身就往外跑，结果在一个刚刚进门的老太太身上撞了一下。她仿佛听到那个老太太在叫她，但已经顾不上这些，就一路飘飘忽忽地往前跑。

　　女孩不知不觉就跑到了街区最热闹的地方，她看到所有人投给她的都是惊讶的目光，她听到人们在议论说：没想到这个街区还有如此漂亮的女孩子，她是谁家的孩子呢？

　　女孩又一次遇到了自己暗暗喜欢的那个男孩，那个男孩竟然叫住她说："今天晚上，我能不能荣幸地请你做我圣诞舞会的舞伴？"

　　这个女孩子简直心花怒放，她想索性就奢侈一回，用剩下的2美元回去再给自己买点东西吧。于是，女孩又一路飘飘然地回到了小店。

　　刚一进门，那个老太太就微笑着对她说："孩子，我知道你会回来的，你刚才撞到我的时候，这个头花也掉下来了，我一直在等着你来取。"

这个女孩是幸运的，一个小小的发饰就帮她找回了自信。但在生活中，却有许多人沉溺于自卑中而不能自拔。比如，一位经营者认为自己没有读过 MBA，经营能力不如别人，更不敢抓住机会去扩大经营规模；年轻女子迷人可爱，但与邻居的女孩相比较后，便对自己的社交能力颇失望……这些人本来极为优秀，但在内心却憎恶自己，他们内心焦虑不安，没有自己的主见，总是用别人的判断标准扼杀了自己的信心。

人生法则

> 只要正确、客观地认识自己，相信自己的能力，自信就会回到我们身上，而有了自信，我们的人生才会美丽。

点亮心中自信的明灯

心理学认为，自卑是一种过多地自我否定而产生的自惭形秽的情绪体验。其主要表现为对自己的能力、学识、品质等自身因素评价过低；心理承受能力脆弱，经不起较强的刺激；谨小慎微，多愁善感，常产生猜疑心理；行为畏缩、瞻前顾后等。自卑心理可能产生在任何年龄段和各种各样的人身上，比如说，德才平平，生命仍未闪现出"辉煌"与"亮丽"，往往容易产生"看破红尘"的感叹和"流水落花春去也"的无奈，以至把悲观失望当成了人生的主调；经过奋力拼搏，工作有了成绩，事业上创造了"辉煌"，但总担心"风光"不再，容易产生前途渺茫、"四大皆空"的哀叹；随着年龄的增长，青春一去不回头，往往容易哀怨岁月的无情和发出红日偏西的无奈……

这种自卑心理是压抑自我的沉重精神枷锁，是一种消极、不良的心境。它消磨人的意志，软化人的信念，淡化人的追求，使人锐气钝化，畏缩不前，从自我怀疑、自我否定开始，以自我埋没、自我消沉告终，使人陷入悲观哀怨的深渊不能自拔，真是害莫大焉！

自卑的对立面是自信，自信就是自己信得过自己，自己看得起自己。

别人看得起自己，不如自己看得起自己。美国作家爱默生说："自信是成功的第一秘诀。"又说："自信是英雄主义的本质。"人们常常把自信比作发挥主观能动性的闸门，启动聪明才智的马达，这是很有道理的。确立自信心，就要正确地评价自己，发现自己的长处，肯定自己的能力。

人们常说人贵有自知之明，这个"明"，既表现为如实看到自己的短处，也表现为如实分析自己的长处。如果只看到自己的短处，似乎是谦虚，实际上是自卑心理在作怪。"尺有所短，寸有所长。"每个人都有自己的优势和长处。如果我们能客观地估价自己，在认识缺点和短处的基础上，找出自己的长处和优势，并以己之长比人之短，就能激发自信心。要学会欣赏自己，表扬自己，把自己的优点、长处、成绩、满意的事情，统统找出来，在心中"炫耀"一番，反复刺激和暗示自己"我可以""我能行""我真行"，就能逐步摆脱"事事不如人，处处难为己"的阴影的困扰，就会感到生命有活力，生活有盼头，觉得太阳每天都是新的，从而保持奋发向上的劲头。"天生我材必有用。"自己给自己鼓掌，自己给自己加油，自己给自己戴朵花，自己给自己发锦旗，便能撞击出生命的火花，培养出像阿基米德"给我一个支点，我将移动地球"的那种豪迈的自信来！

自信不是孤芳自赏，也不是夜郎自大，更不是得意忘形，毫无根据的自以为是和盲目乐观，而是激励自己奋发进取的一种心理素质，是以高昂的斗志、充沛的干劲迎接生活挑战的一种乐观情绪，是战胜自己、告别自卑、摆脱烦恼的一种灵丹妙药。

人生法则

自信，并非意味着不费吹灰之力就能获得成功，而是说战略上要藐视困难，战术上要重视困难，要从大处着眼、小处动手，脚踏实地、锲而不舍地奋斗、拼搏，扎扎实实地做好每一件事，战胜每一个困难，从而一次次地走向成功。

自己的"地盘"自己做主

YISHENG ZHONG ZHONGYAO DE 66GE FAZE

呐喊着向前进，永不停息

当柔弱的水滴有了愿望，它也能把坚硬的石头滴穿。当"锲而不舍"成为一种习惯，你的人生也将会有翻天覆地的改变。

持之以恒

世间最容易的事是坚持，最难的事也是坚持。说它容易，因为只要愿意做，人人都能做到；说它难，因为真正能够做到的，终究只是少数人。

成功在于坚持，坚持到底就是胜利。任何成绩的取得，事业的成功，都源于人们不懈的努力和执著的探索追求。浅尝辄止，一曝十寒，朝三暮四，心猿意马，只能望着成功的彼岸慨叹，只能收获两手空空。胜者生存的方式就在于能够坚持把一件事做下去，积跬步以行千里，汇小溪以成江流。

有一年中考作文题是一组漫画：一个人挖井找水，挖了几口井，都没挖到有水的深度就放弃了，而且有一口井只差几锹就可见水了，他没有持之以恒地做下去。其结果呢？没有找到水，他只得悻悻离去。考生们根据漫画写作文，可批评"浅尝辄止"的不良学风，可讲"不讲科学，盲目打井"的教训，也可检讨"见异思迁，三心二意"的毛病。其实这里还有个寓言可谈，就是"成功往往在于持之以恒地做下去"。

在美国西部的"淘金热"中，有一个人挖到了金矿。他高兴极了，愈挖掘希望愈高，后来矿脉突然消失了。他继续挖，但努力仍归于失败。他决定放弃，把机器便宜卖给一位老人后，便坐火车回家了。这位老人请了一位采矿工程师，在距原来停止开采的地下3尺处挖到了金矿。

这位老人从别人放弃的地方开始，净赚了几百万美元，那个没有"持之以恒"的老兄知道了这个结果，肯定会后悔的。

明人杨梦衮曾说："作之不止，可以胜天。止之不作，犹如画地。"这句话是什么意思呢？其实就是告诉世人坚持下去的道理：世上的事，只要不断地努力去做，就能战胜一切，取得成功。但如果停下来不做，那就会和画饼充饥一样，永远达不到目的。

这是个浅显简单的道理，但我们在实际生活中，却常常忘了它。我们常常会有"为山九刃，功亏一篑"的遗憾。成功就距我们一步之遥，我们却在最后的关头放弃了努力，让胜利轻易地与我们擦肩而过，我们该是多么懊丧！

台湾企业家高清愿当初在经营台湾的统一超市时，连续亏损6年。但他并没有因此放弃，而是坚持走自己的路，终于在调整营业方针、市民消费能力提高之后，统一超市开始转亏为盈，如今他的企业稳居台湾商店业龙头地位。高清愿的故事告诉我们，往往是在最困难的时候，最需要"持之以恒地做下去"，这是对自己勇气和毅力的严峻考验。胆怯的人往往会退缩，而勇敢的人则会经受住考验，进而"山重水复疑无路，柳暗花明又一村"。而适时调整，等待时机，也是不可少的。

要想成功，就要"作之不止"，决不能半途而废。当然，方法、计划可以调整，但绝不要让失败的念头占据了上风。

轻易放弃，总嫌太早。记住这句话吧，越是在困难的时候，越要"持之以恒地做下去"。有时，在顺境时，在目标未完全达到时，也要"持之以恒地做下去"，不要因小小的成功就停步不前。

"持之以恒地做下去"，是一种不达目的誓不罢休的精神，是一种对自己所从事的事业的坚强信念，也是高瞻远瞩的眼光和胸怀。它不是蛮干，不是赌徒的"孤注一掷"，而是在通观全局和预测未来后的明智抉择，它更是一种对人生充满希望的乐观态度。在山崩地裂的大地震的灾难中，不幸的人们被埋在废墟下。没有食物，没有水，没有亮光，连空气也那么少。

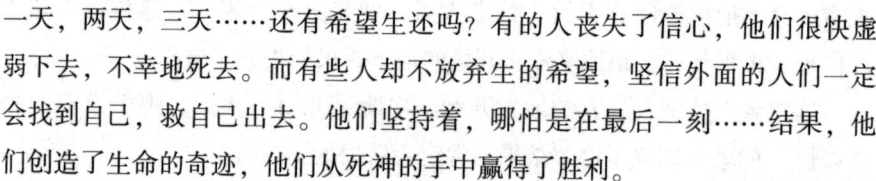

一天，两天，三天……还有希望生还吗？有的人丧失了信心，他们很快虚弱下去，不幸地死去。而有些人却不放弃生的希望，坚信外面的人们一定会找到自己，救自己出去。他们坚持着，哪怕是在最后一刻……结果，他们创造了生命的奇迹，他们从死神的手中赢得了胜利。

开学第一天，古希腊大哲学家苏格拉底对学生说："今天咱们只学一件最简单、最容易的事儿。每人把胳膊尽量往前甩，然后再尽量往后甩。"说着，苏格拉底示范了一遍："从今天开始，每天做300下，大家能做到吗？"同学们都笑了。这么简单的事，有什么做不到的呢？过了一个月，苏格拉底问同学们："每天甩手300下，哪些同学坚持了？"有90%的同学骄傲地举起了手。又过了一个月苏格拉底又问，这回，坚持下来的学生只剩下80%。一年以后，苏格拉底再一次问同学们："请大家告诉我，最简单的甩手运动，还有哪几位同学坚持了？"这时，整个教室里，只有一个人举起手。这个学生就是后来成为古希腊另外一位大哲学家的柏拉图。柏拉图是天才。什么是天才？终身努力便成天才。天才缘于勤奋，勤能补拙。这里的勤，就是勤奋耕耘，勤勤恳恳，就是持之以恒地努力累积知识，它将是打开成功之门的金钥匙，是通往成功殿堂的快车道。

在奔向成功的路上，我们会遇到许多挫折，会面临着许多意想不到的挑战。这时我们应该怎么办呢？成功学家们考察了那些具有杰出的个人品质并取得巨大成功的人，得出了下面的结论：能够把一件事坚持做下去，是所有成功者的共同拥有的积极心态。

有一次上实验课，教授按照平常惯例，给每个学生发了一张纸条，上面把操作步骤写得一清二楚。爱因斯坦照例把纸条揉成团状，塞进了自己的上衣口袋。过了几分钟，这张纸条就进了废纸篓里。原来他有自己的想法，不愿遵循那一套僵化的操作步骤。

爱因斯坦低着头，看着玻璃管里闪动的火花，头脑却进入了美好的物理世界，突然，"轰"的一声，使他结束了遐想。爱因斯坦觉得右手一阵酸痛，手上沾满了鲜血。师生们听到响动都围了过来。教授了解情况后，非常生气。他赶忙向系办公室走去，向系领导汇报爱因斯坦的情况，坚决要求处分这个我行我素的学生。在这之前，爱因斯坦有好多次没去上他的课，他已经要求系里警告爱因斯坦。

两星期以后，爱因斯坦在校园里和教授碰面了。教授来到爱因斯坦面前，看了他一眼，然后叹了叹气，遗憾地对他说："可惜啊！你为什么不去学医学、法律或语言学，而非要学物理呢？"

爱因斯坦并没有完全听懂教授的话，教授认定，像爱因斯坦这样一个不听话的学生是进不了物理学殿堂的。

"我非常喜欢物理，我也认为自己具备研究物理学的才能。"爱因斯坦老老实实地答道。

教授感到很吃惊。这个学生是多么的固执啊！他摇摇头，看了看他，叹口气说道："我是为你好，听不听由你！"

事实证明，教授的断定是错误的，爱因斯坦最后成了一个著名的物理学家。如果当初爱因斯坦真听了这位教授先生的"忠告"，物理学界就会损失一位巨星！还好，固执的爱因斯坦是有自信的。他继续走自己的路，继续刻苦攻读物理学大师的著作，不因"守旧"教授们的态度而退缩。

世界上的思想家，那些深谙事理的人，都常常以不同的方式来说明坚持的重要性。穆罕默德曾说："上帝和坚持到底的人在一起。"看来穆罕默德深深了解坚持的重要。莎士比亚也曾说过"雨能穿石"。石头是很硬的东西，但是小雨滴不断地滴在石头上，终究可以穿透石头。然而，比莎士比亚早17个世纪之前，就已经有了这种恒久睿智的说法，罗马哲学家和诗人留克利希阿斯曾说过同样的话："水滴石穿"。

一个农民，初中只读了两年，家里就没钱继续供他上学了。他辍学回家，帮父亲耕种3亩薄田。在他19岁时，父亲去世了，家庭的重担全部压在了他的肩上。他要照顾身体不好的母亲，还有一位瘫痪在床的祖母。

20世纪80年代，农田承包到户。他把一块水洼挖成池塘，想养鱼。但乡里的干部告诉他，水田不能养鱼，只能种庄稼，他只好又把水塘填平。这件事成了一个笑话，在别人的眼里，他是一个想发财但又非常愚蠢的人。

听说养鸡能赚钱，他向亲戚借了500元钱，养起了鸡。但是一场洪水后，鸡得了鸡瘟，几天内全部死光。500元对别人来说可能不算什么，对一个只靠3亩薄田生活的家庭而言，却是天文数字。他的母亲受不了这个刺

激，竟然忧郁而死。

他后来酿过酒，捕过鱼，甚至还在石矿的悬崖上帮人打过炮眼……可都没有赚到钱。

35岁的时候，他还没有娶到媳妇。即使是离异的有孩子的女人也看不上他。因为他只有一间土屋，随时有可能在一场大雨后倒塌。娶不上老婆的男人，在农村是没有人看得起的。但他还想搏一搏，就四处借钱买了一辆手扶拖拉机。不料，上路不到半个月，这辆拖拉机就载着他冲入一条河里。他断了一条腿，成了瘸子。而那拖拉机被人捞起来，已经支离破碎，他只能拆开它，当做废铁卖。

几乎所有的人都说他这辈子完了。

但是后来他却成了一家公司的老总，手中有两亿元的资产。现在，许多人都知道他苦难的过去和富有传奇色彩的创业经历。许多媒体采访过他，许多报告文学描述过他。以下是他和记者的一段对话：

记者问他："在苦难的日子里，你凭什么一次又一次毫不退缩？"

他坐在宽大豪华的老板台后面，喝完了手里的一杯水。然后，他把玻璃杯子握在手里。反问记者："如果我松手，这只杯子会怎样？"

记者说："摔在地上，碎了。"

"那我们试试看。"他说。

他手一松，杯子掉到地上发出清脆的声音，但并没有破碎，而是完好无损。他说："即使有10个人在场，他们都会认为这只杯子必碎无疑。但是，这只杯子不是普通的玻璃杯，而是用玻璃钢制作的。"

这样的人，即使只有一口气，他也会努力去拉住成功的手，除非上苍剥夺了他的生命……

 **人生法则**

当柔弱的水滴有了愿望，它也能把坚硬的石头滴穿。当"锲而不舍"成为一种习惯，你的人生也将会有翻天覆地的改变。

坚持是成功的基石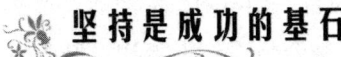

通向成功之路并非一帆风顺，会遭受很多挫折和失败，成功的关键在于能否屡败屡战。要相信，有失才有得，有大失才能有大得。当你似乎已经走到山穷水尽的时候，离成功也许仅一步之遥了。

梅西于1882年生于波士顿，年轻时出过海，后来开了一家小杂货铺，卖些针线，但铺子很快就倒闭了。一年后他另开了一家小杂货铺，仍以失败告终。

在淘金热席卷美国时，梅西在加利福尼亚开了个小饭馆，本以为供应淘金客膳食是稳赚不赔的买卖，岂料多数淘金者一无所获，什么也买不起，这样一来，小铺又倒了台。

回到马萨诸塞州之后，梅西满怀信心地干起了布匹服装生意，可是这一回他不只是倒闭，简直是彻底破产，赔了个精光。

不死心的梅西又跑到新英格兰做布匹服装生意。这一回他时来运转了，他买卖做得很灵活，甚至把生意做到了街上商店。头一天开张时账面上才收入11.08美元，而后来位于曼哈顿中心地区的梅西公司，成为了世界上最大的百货商店之一。梅西成了美国百货大王。

让我们再来看一个屡败屡战的事例。

保罗·高尔文是个身强力壮的爱尔兰农家子弟，充满进取精神。13岁时，他见别的孩子在火车站月台上卖爆玉米花，他不由得被这个行当吸引了，也一头闯了进去。

但是他不懂得，早已占住地盘的孩子们并不欢迎有人来竞争。为了帮他懂得这个道理，他们抢走了他的爆玉米花，把它们全部倒在街上。

第一次世界大战以后，高尔文从部队复员回家，他在威斯康星办起了一家电池公司。可是无论他怎么使劲折腾，产品依然打不开销路。有一天，高尔文离开厂房去吃午餐，回来时见大门上了锁，公司被查封了，高尔文甚至不能再进去取出他挂在衣架上的大衣。

1926年他又跟人合伙做起收音机生意。当时，全美国估计有3000台收音机，预计两年后将扩大100倍。但这些收音机都是用电池作能源的。于是他们想发明一种灯丝电源整流器来代替电池。这个想法本来不错，但产品还是打不开销路。眼看着生意一天天走下坡路，他们似乎又要停业关门了。

此时高尔文通过邮购销售的办法招揽了大批客户。他手里一有了钱，就办起了专门制造整流器和交流电真空管收音机的公司。可是不出3年，高尔文依然破了产。

这时他已陷入绝境，只剩下最后一个挣扎的机会了。当时他一心想把收音机装到汽车上，但有许多技术上的困难有待克服。

到1930年底，他的制造厂账面上已净欠374万美元。在一个周末的晚上，他回到家中，妻子正等着他拿钱来买食物、交房租，可他摸遍全身只有24块钱，而且全是赊来的。

然而，高尔文并没有停止奋斗，经过多年的不懈努力，高尔文终于成了腰缠万贯的富翁。他盖起的豪华住宅，就是用他的第一部汽车收音机的牌子命名的。

24岁的约翰逊是一位平凡的美国人，他以母亲的家具做抵押，得到了500美元贷款，开办了一家小小的出版公司。

他创办的第一本杂志是《黑人文摘》。为了扩大发行量，他有了一个非常大胆的想法：组织一系列以"假如我是黑人"为题的文章，请白人在写文章的时候把自己摆放在黑人的位置上，严肃地来看待这个问题。

他想，如果请罗斯福总统的夫人埃莉诺来写一篇这样的文章是最好不过了。于是，约翰逊便给罗斯福夫人写了一封请求信。

罗斯福夫人给约翰逊回了信，说她太忙，没有时间写。约翰逊见罗斯福夫人没有说自己不愿意写，就决定坚持下去，一定要请罗斯福夫人写一篇文章。

一个月后，约翰逊又给罗斯福夫人发去了一封信。夫人回信仍说太忙。此后，每过一个月，约翰逊就给罗斯福夫人写一封信。夫人也总是回信说连一分钟的空闲也没有。约翰逊依然坚持发信，他相信，只要他坚持下去，总有一天夫人会有时间的。

一天，他在报上看到了罗斯福夫人在芝加哥发表谈话的消息。他决定再试一次。他打了一份电报给罗斯福夫人，问她是否愿意趁在芝加哥的时候为《黑人文摘》写那样一篇文章。

罗斯福夫人终于被约翰逊的坚韧性感动了，寄来了文章。结果，《黑人文摘》的发行量在一个月之内由 5 万份增加到 15 万份。这次事件成为约翰逊事业的重要转折点。

后来，约翰逊的出版公司成为美国第二大的黑人企业。

做任何一件事，都要有始有终，坚持把它做完。不要轻易放弃，如果放弃了，你就永远没有成功的可能。

福建宁化人黄慎，少时跟同郡的一位老画家上官周先生学画，他学得很认真，心灵手巧，经过一段时日，就将上官周画花鸟、山水、楼台的艺术技巧与精神实质都学到手，画得很好。

人家称赞他已学到家了，他自己却觉得不满足，好像是缺少了一点什么很要紧的东西，认为自己还不是称职的学生。

有一天，他又捧着先生上官周的名画，看着看着，整个精神都集注在上面，忽然叹起气来，说："吾师上官周先生技绝，我难以与老师争名啊！但一个有志气的少年应当自立。我黄慎岂肯永远居在人后！"

他像发了疯病似的，忘了早晨与黄昏，忘了饱饿与冷热，好几个月都在思索着这个问题，但就是找不到新的一条路径。

上官周知道了学生的苦闷，就启发黄慎去多读多看。黄慎听了老师的指点，书法学怀素，诗仿金元，画摹天池，博览百家作品。但到了他自己作起画来，却觉得画中处处有别人痕迹，还是闯不出自己的路。他展不开眉，舒不了心。

有一天，上官周忽然问黄慎："你读了张钦的诗吗？"

黄慎说："先生，学生读过了。"

但过后想想：先生问我这话总有道理。于是，就再细读张钦的诗，才知张钦诗中有画，所以诗的意境很美。他不禁问起自己来："黄慎黄慎，张钦诗中有画，你黄慎画中要不要有诗？"一时他不能明确回答这个自己提出的疑问。

　　他上街，在街道上走着想着，想着走着，终于领悟到：上官周先生的画，张钦的诗，怀素的字，他们都有自己的艺术特色，但我黄慎又怎样呢？这样，豁然开朗，眼前天地开阔了。他匆匆忙忙地跑进最近的一座店铺中，向店老板借了纸与笔墨砚台，就在店堂的案桌上面挥起画笔，画起他心中的那些美妙的东西。

　　黄慎这个稀奇古怪的举动，惊动了店里的老板伙计，更招引得过路的人们进店堂来看个究竟，不久，店堂里外站满了看画画的人。

　　黄慎好像没有看见一个人，只专心致志地挥着他的画笔。画好了，笔一掷，忽然拍着案桌大叫起来："我得到了！我得到了！"

　　围观的人们听不懂怪画家的怪话，只望着他作的画，画面上笔墨不多，画的什么也看不甚清楚，还以为这画家是发了疯哩。

　　黄慎这才发现许许多多人围着看他的画。他向大家笑嘻嘻地挥挥手。围观的人们开始散去，说也奇怪，离开一丈多远，再看看那画面，寥寥草草的笔墨突然显现成几茎水仙，有的才长出，有的开着两朵鲜灵灵的花。那水仙与水仙花，充满着初生勃发的神态。大家越看越喜爱，异口同声称赞："怪人怪画，就是怪，就是好！"

　　黄慎默默地微笑着卷起画，向店老板谢了谢，就从人缝中挤开一条路走了。

　　上官周先生后来看见学生黄慎突飞猛进，喜不自胜，逢人就说："吾的门下有黄生，犹如王右军之后有个鲁公一样。当老师的看见学生如此长进，多兴奋啊！"

人生法则

　　一位西方学者说："天才意味着心智的光芒集中在某些特殊的焦点上，并且不断进取，永不满足。"在学习中不要轻易满足，要努力追求"百尺竿头更上一层楼"的境界。

执著地去敲成功之门

走向成功的步伐如果是 100 步的话，前面的 99 步固然重要，更为重要的是走完 99 步之后，不沮丧、不妥协，并坚定地走出最后那一步。

老亨利是一家大公司的董事长，每年利润就有上百万。但他年过七旬仍不愿意在家里享清福，每天到公司来巡视。

老亨利对员工很和善，从不发脾气，看见有人工作没做好，他就会用手拔出含在嘴里的大雪茄，说："伙计，没关系，别灰心，再坚持一下，准能成功。"说完还拍拍对方的肩膀。他这种做法很得人心，全公司上下都十分卖劲地工作，谁也不偷懒。

一天，新产品开发部经理马克向老亨利汇报："董事长，这次试验又失败了，我看就别搞了，都第 23 次了。"马克皱着眉头，瘦削的脸上神情十分沮丧。办公室里温暖如春，各种装饰品闪闪发光，米黄色的地板一尘不染。看到这些，马克就想起自己经常停暖气的公寓，什么时候自己也能拥有这样的房子？再瞧瞧歪靠在皮椅上的董事长，脑门被阳光照得泛着亮光。这老头有啥本事成为这么大家业的主人？马克心里暗想。

"年轻人，别着急，坐下。"老亨利指了指椅子，"有时候事情就是这样，你屡干屡败，眼看没有希望了，但坚持一下，没准就能成功。"老亨利将一支雪茄塞进他的嘴里。

"董事长，我真没办法了，您是不是换个人。"马克的声音有些沙哑。

"马克，你听我说，我让你搞，就相信你能搞成功。来，我给你讲个故事。"老亨利吸了一口雪茄，缕缕青烟在他脸旁袅袅上升，他眯着眼睛开始讲起来：

"我也是个苦孩子，从小没受过教育，但我不甘心，一直在努力，终于在我 31 岁那年，发明了一种新型节能灯，这在当时可是个不小的轰动。但我是个穷光蛋，要进一步完善还需要一大笔资金。

我好不容易说服了一个私人银行家，他答应给我投资。可我这个新型

节能灯一投放市场，其他灯就会没销路了，所以有人暗中千方百计阻挠我成功。可谁也没想到，就在我要与银行家签约的时候，我突然得了胆囊症，住进了医院，大夫说必须做手术，不然有危险。那些灯厂的老板知道我得病的消息就在报纸上大造舆论，说我得的是绝症，骗取银行的钱来治病。

这样一来，那位银行家也半信半疑，不准备投资了。更严重的是，有一家机构也正在加紧研制这种节能灯，如果他们抢在我前头，我就完蛋了！当时我躺在病床上万分焦急，没有办法，只能铤而走险，先不做手术，仍如期与那位银行家见面。

见面前，我让大夫给我打了镇痛药。在我的办公室见面时，我忍住疼痛，装作没事似的，和银行家拍肩握手，谈笑风生，但时间一长，药劲过去了，我的肚子跟刀割一样疼，后背的衬衣都让汗水湿透了。可我咬紧牙关，继续和银行家周旋，我心里只剩下一个念头：再坚持一下，成功与失败就在能不能挺住这一会儿。病痛终于在我强大的意志力下低头了，自始至终，在银行家面前，我一点破绽也没露，完全取得了他的信任，最后我们终于签了约。

我送他到电梯门口，脸上还带着微笑，挥手向他告别。但电梯门刚一关上，我就扑通一下倒在地上，失去了知觉。隔壁的医生早就准备好了，他们冲过来，用担架将我抬走。后来据医生说，当时我的胆囊已经积脓，相当危险！知道内情的人无不佩服我这种精神。我呢，就靠着这种精神一步步走到现在。"

老亨利一口气将故事讲完，他的头靠在皮椅上，手指夹着仍在冒烟的半截雪茄，闭起了双眼，仿佛沉浸在对往日的回忆中。这时屋里静极了，只有墙上大挂钟的嘀嗒声。马克被老亨利的故事感动了。他望着董事长那油光发亮的前额，眼眶里闪动着晶莹的泪花，感到万分羞愧。唉，和董事长相比，自己这点困难算什么？从董事长身上他看到一种精神，而这精神就是创造财富的真谛！董事长无愧于这个庞大公司的主人，无愧于这间高大宽敞、摆放着高级硬木家具房屋的拥有者。

"董事长，您刚才讲得太动人了，从您身上我真的体会到了再坚持一下的精神。我回去重新设计，不成功，誓不罢休！"马克挺着胸，攥着拳，脸涨得通红，说话的声音都有些颤抖了。事实是最好的证明，在试验进行到第25次的时候，马克终于取得了成功。

还有一个找工作的年轻人，他来到微软分公司应聘，金发碧眼的洋总经理一时没反应过来，因为公司没有刊登过招聘广告。见总经理疑惑不解，年轻人便用自己并不娴熟的英语解释说自己是碰巧路过这里，就贸然进来了。总经理听清后颇感新鲜，心想莫非对方真是个人才？便笑着说那今天就破例一次。

面试的结果却出乎意料。对总经理来说这是他在微软任职以来所经历过的最糟糕的一次面试。年轻人的中专学历与微软所要求的本科学历不符，他对软件编程也只略知皮毛，对于总经理提出的许多专业性问题，年轻人要么答非所问，要么根本就回答不上来，面试中双方几次陷入僵滞的尴尬局面。

面试结束，总经理显得很失望，他对年轻人说："要知道微软公司人才荟萃，从高级管理到专业技术人员，都堪称业界精英，微软的大门不是能够轻易叩开的。"正当总经理要回绝他时，年轻人说："对不起，这次我是因为事先没有准备。"总经理认为他只是找个托词下台阶，便随口说道："那好，我给你两个星期时间，等你准备好了再来面试。"

回去后，年轻人去图书馆借了计算机编程专业的书籍，然后足不出户在家昼夜苦读。两周后年轻人果然又去见总经理，总经理没有想到对方竟真会再次前来面试，但他还是要兑现当初的承诺。

第二次面试，年轻人对总经理提出的相关专业问题已基本能应付下来，不过他仍没有通过面试，因为凭他的编程知识与微软所要求的软件工程师水平相差实在太悬殊。但在总经理眼里，两周时间里能有如此进步已经是很不容易了。面试结束后，总经理建议性地问道："不知你对微软的其他岗位是否感兴趣，比如销售部门？"

年轻人接受了建议，可是对于销售他却一窍不通，于是总经理又给了他一周时间去准备。

离开微软后，年轻人去书店买了一些关于营销的书籍，又埋头苦读一周。可令人感到晦气的是，一周后，年轻人虽然在销售知识方面进步不小，

但他仍没能通过面试。无奈之下，总经理只能歉意地摇头并问年轻人，为何你偏要应聘微软呢？年轻人的回答令总经理大出意外，他说："其实我并非只想应聘微软，我也知道微软录用人时的苛刻条件，我只是想哪怕不行，好歹也积累了一定的应聘经验。"

总经理哑然之余，不乏幽默地说："那我就多给你几次增长经验的机会。"结果为了应聘，年轻人总共在微软面试了5次，前后共用去两个多月的时间，而总经理也破天荒地给予一个普通的中国小伙子5次机会。

在第五次面试时，年轻人没有回答任何问题，因为当他第五次跨进总经理办公室时，总经理已经对他宣布，其实在第三次面试时他就已经成为微软的一员了。见中方副总经理疑惑不解，洋总经理解释说，自己发现他接受新东西的速度非常快，这说明他是一个有发展潜质的不可多得的人才，尽管他没有本科文凭，但微软将来的希望就在这些年轻人的身上，而且5次应聘他都没有退缩，这说明他很乐观，心理很健康。他还勇于尝试，敢于接受挑战，不放过哪怕百分之一的机会，这说明他有强者的素质。微软需要的不光是有知识和技能的员工，还需要那些有勇气和毅力的人。

不久，年轻人就得到了微软的重点培训。

这是个故事吗？不，这恰恰是发生在上海浦东新区的一个真实的应聘小插曲。在此事件中完全可以做这样一个假设：只要其中一方的观念是保守消极的，事情就会被搞得面目全非，甚至根本就不会出现。精诚所至，金石为开。锲而不舍，金石可镂。在这惊人力量到来之前，有谁知道所谓"精诚"是付出了多少呢？是千折百回，是千锤百炼，是失败过一万次，还要一万零一次爬起的勇气和毅力！

他做到了，他成功了。同时，机会从来只垂青那些有所准备的人。

微软公司的董事长该是个睿智的有长远眼光的领导者、决策者，他给了年轻人从璞玉到美玉转变的机会，最终，他也取得了丰硕的成果；可以预见，这样一个百折不挠、聪明勇敢的年轻人将会给微软带来同样神话般的成果。

成与败全在你自己！

有些时候，也许只是少了那么一点点的坚持，成功就会与之擦肩而过。坚持一下下，就会取得成功。

成功就在下一秒

骐骥一跃，不能十步，驽马十驾，功在不舍。你一生的成败，并不在于你一下子用多大力气，而在于你是否能持之以恒。

有一个高中生耐性不够，做一件事只要稍稍有点困难，就很容易气馁，不肯锲而不舍地做下去。

有一天晚上，他的父亲给他一块木板和一把小刀，要他在木板上切一条刀痕。当他切好一刀以后，他父亲就把木板和小刀锁在他的抽屉里。

以后每天晚上，他父亲都要他在切过的痕迹上再切一次。这样持续了好几天。

终于在一天晚上，他一刀下去，就把木板切成了两块。

父亲说："你大概想不到这么一点点力气就能把一块木板切成两片吧？你一生的成败，并不在于你一下子用多大力气，而在于你是否能持之以恒。"

让我们来看一个坚持而取得成功的事例：

"高三上学期，学校召开'招飞动员大会'，号召全校理科毕业班男生踊跃参加空军组织的招飞体检。同学们跃跃欲试，谁都可以报名，但谁都没信心。因为自学校成立以来，年年参加飞行体检，却从来没有人被录取过。大家都知道招飞体检要求之严、标准之高非我们这些乡下孩子所能达到。但是，我们这些正处在做梦年龄的大男孩哪个不向往驾着战鹰遨游蓝天，当一个威风凛凛、人人羡慕的空军飞行员呢？就算通不过，也要去试一试！

于是我和同学一起报了名，也轻而易举地通过了学校和南阳地区组织

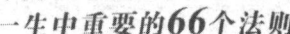

YISHENG ZHONG ZHONGYAO DE 66GE FAZE

的初检。这没什么可高兴的，因为每年都是初检通过一大堆，到全面体检时全县只有两三个甚至全军覆没。

盼望已久的全面体检终于来临了。我们乘长途汽车来到省会郑州，准备参加激烈的角逐。从小到大一直生活在农村的我第一次来到繁华的大都市，简直惊呆了，高楼大厦，霓虹闪烁，这样精彩的世界，我却只能坐在车上看看！'要是我能当上飞行员……'心里想着，暗暗为自己鼓劲：一定要全力以赴！

遗憾的是我的美梦还没做到一半就彻底破灭了。当我坐上电动转椅边摆头边转动了60圈后，就感到天旋地转，头晕目眩，甚至还恶心，不多时就冒冷汗、呕吐。体检的女军医遗憾地对我说：'小伙子，看来你不适合开飞机，要知道开飞机是不能有任何差错的。回去好好读书，考别的大学也一样。'

我的眼泪夺眶而出，默默地走回住处，对带队老师说我想一个人先回去。当晚我就坐火车到南阳，又转乘汽车回到学校。

回到课堂我无心学习，虽然失败是意料中的事，但我仍觉得不甘心。一天后，我隐约感到自己的身体状态比体检时好多了，会不会是因身体不舒服而遭淘汰？

我清楚地记得体检前一天晚上由于感冒，便吃了一粒康泰克。天哪，如果真是因为这，那我就太亏了！

正当我呆呆地抱怨命运的不公时，一个念头在我脑海中一闪而过：请求复检！

这在当时大多数人的眼里，简直是一个天大的玩笑。我自己也觉得是。因为除了带队老师，没有一个人能帮我说得上话，而带队老师的作用在体检中几乎可以忽略不计。而且我已经回来了，等我再赶去，说不定都结束了……但所有这些统统被我越来越强烈的念头压倒了：我一定要再试试！当机会还没有完全溜走时，我还可以回去，冲过去抓住它！

我立即找来一张稿纸，给主检官写一封言辞恳切的信：'主检官同志，我从700里外借路费赶来，因为我的一生中这样的机会只有一次，所以我要珍惜，请再给我一次机会……'

中午下了课我就向同学借了80元钱，怀揣那封信，下午从南阳坐火车，晚上赶到郑州。

到达住宿地点华豫宾馆后，却被告知我们县的带队老师和学生刚刚退房返校，这下傻眼了，本来还指望他帮我说说情的。没办法，只好先找地方住下。第二天一大早我就赶到体检中心，一位学生告诉我：'你们南阳地区的体检早结束了，现在是漯河和许昌地区。'又一记闷棍！这下难度更大了。

我鼓足勇气，硬着头皮敲开了主检官的办公室。年纪较大的主检官和几名中年军官不约而同地把目光投向我。由于紧张，我结结巴巴地无法流利表达。幸亏我早有准备，从怀里掏出课堂上写的那封信，递给那位老者。老者看完信后递给另一位军官看，并微笑着问：'主检官同志，怎么样，能否再给一次机会？'军官点点头：'那好吧。'

听到这句话，我欣喜若狂。主检官叫来一位年轻的军官，吩咐：'把这个学生的体检表找出来，再让他试试。'于是，我的体检表又被从一堆将被销毁的废纸堆中扒了出来。

如我所料，转椅轻松过关，之后我一路过关斩将，几乎全是绿灯，毫无阻拦地通过了全面体检。三天后我一个人凯旋返校，同学们都伸出大拇指：'真是士别三日，当刮目相看啊！'

就凭着那勇敢的再试一次，我考上了空军飞行学院，几年后我有幸成为一名空军军官。"

当机会将去未去时，不要被暂时的挫折击倒，鼓起勇气，再试一次！

人生法则

> 既然你已经接近胜利之门，为什么不敲一下呢？是的，再试一次，或许便是阳光明媚。

不要轻言放弃

做事要有恒心。这是一句千古不变的至理名言。无可否认，人们渴望

成功，眼睛紧紧盯着潮流和热点，唯恐落伍。当发现在自己的领域难以出人头地或者发现更有前途的行当时，就会毫不犹豫地"跳槽"、"转行"，抛弃自己数年甚至数十年的事业，到新的领域寻找成功的机会。于是，知识分子下海成为儒商，机关干部辞职干个体等屡见不鲜，然而很多人都咀嚼着因半途而废的痛苦。

实际上，成功的秘诀在于执著，成功偏爱执著的追求者。世界上许多名人的成功都来自于克服千辛万苦，持之以恒的努力，只有这样，你才会渐渐接近辉煌。稍有困难便更改航向或经不起外界的诱惑，恐怕会永远远离成功。

对那些拒绝停止战斗的人来说，他们永远都有胜利的可能。

如果你发现自己所处的情势似乎与胜利无缘，那么，你可以发展一些对自己动机有利的行动。如果正面的攻击无法攻占目标，那么试试看以侧面进攻。生命中很少有解决不了的难题。再困难的障碍也阻碍不了一个有决心、有动机、有计划，并且有足够的弹性来对抗情况变化的人。

许多失败，其实如果肯再多坚持一分钟，或再多付出一点努力，是可以转化为成功的。

成功会带来成功，失败亦会接连不断。

物理上，正负会相吸而同性相斥，但人类彼此的关系则恰好相反。消极的人只会与消极的人在一起，积极的心态吸引具有类似想法的人。你也会发现，当你成功以后，其他的成就也会不断来到，这就是叠加的道理。

自信源于过去的成功经验，成功的过程中会遇到许多艰难，困苦与挫折失败，战胜它们的最基本法则就是心理上先做好准备。要有敏锐的目光，看清成功背后的景象，要有持续的毅力。坚持到困难向你退缩，要有勇气和行动，当发现困苦的弱点后不失时机地给它致命一击。

当事情愈来愈困难，大多数人都会放手离开，只有意志坚决的人，除非胜利，决不肯轻言放弃。

希拉斯·菲尔德先生退休时已经积攒了一大笔钱，然而这时他又突发奇想，想在大西洋的海底铺设一条连接欧洲和美国的电缆。

随后，他就全身心地开始推动这项事业。前期基础性工作包括建造一

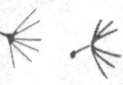

条 1000 英里（1 英里约合 1.61 千米）长、从纽约到纽芬兰圣约翰的电报线路。

纽芬兰 400 英里长的电缆线路要从人迹罕至的森林中穿过，所以，要完成这项工作不仅包括建一条电报线路，还包括建同样长的一条公路。此外，还包括穿越布雷顿角全岛共 440 英里长的线路，再加上铺设跨越圣劳伦斯海峡的电缆，整个工程十分浩大。

菲尔德使尽浑身解数，总算从英国政府那里得到了资助。然而，他的方案在议会遭到强烈的反对。随后，菲尔德的铺设工作就开始了。电缆一头搁在停泊于塞巴托波尔港的英国旗舰"阿伽门农"号上，另一头放在美国海军新造的豪华护卫舰"尼亚加拉"号上；不过，就在电缆铺设到 5 英里的时候，它突然被卷到了机器里面，弄断了。

菲尔德不灰心，进行了第二次试验。在这次试验中，在铺好 200 英里长的时候，电流突然中断了，船上的人们在船板上焦急地踱来踱去，好像死神就要降临一样，就在菲尔德先生即将命令割断电缆、放弃这次试验时，电流突然又神奇地出现了，一如它神奇地消失一样。夜间，船以每小时 4 英里的速度缓缓航行，电缆的铺设也以每小时 4 英里的速度进行。这时，轮船突然发生一次严重倾斜，制动器紧急制动，不巧又割断了电缆。

但菲尔德并不是一个容易放弃的人。他又订购了 700 英里的电缆，而且还聘请了一个专家，请他设计一台更好的机器，以完成这么长的铺设任务。后来，英美两国的发明天才联手才把机器赶制出来。最终，两艘船继续航行，一艘驶向爱尔兰，另一艘驶向纽芬兰，结果它们都把电线用完了。两船分开不到 13 英里，电缆又断开了；再次接上后，两船继续航行，到了相隔 8 英里的时候，电流又没有了。电缆第三次接上后，铺了 200 英里，在距离"阿枷门农"号 20 英尺（1 英尺约合 0.30 米）处又断开了，两艘船最后不得不返回到爱尔兰海岸。

参与此事的很多人一个个都泄了气，公众舆论也对此流露出怀疑的态度，投资者也对这一项目没有了信心，不愿再投资。

这时候，如果不是菲尔德先生，如果不是百折不挠的精神，如果不是他天才的说服力，这一项目很可能就此放弃了。菲尔德继续为此日夜操劳，

甚至到了废寝忘食的地步，他决不甘心失败。

于是，第三次尝试又开始了。这次总算一切顺利，全部电缆铺设完毕，而没有任何中断，铺设的消息也通过这条漫长的海底电缆发送出去了，一切似乎就要大功告成了，但突然电流又中断了。

好一个菲尔德，所有这一切困难都没吓倒他。他又组建一个新公司，继续从事这项工作，而且制造出了一种性能远优于普通电缆的新型电缆。1866年7月13日，新一次试验又开始了，并顺利接通、发出了第一份横跨大西洋的电报！电报内容是："7月27日，我们晚上九点到达目的地，一切顺利。感谢上帝！电缆都铺好了，运行完全正常。希拉斯·菲尔德。"

瑞典化学家塞夫斯特穆在1830年发现了元素钒。对这一重大发现，他以轻松风趣的科学童话般的笔调写道：

"在宇宙的极光角，住着一位漂亮可爱的女神。一天有人敲响了她的门，女神懒得动，等着第二次敲门，谁知这位来宾一敲之后就走了。她急忙起身打开窗子张望。'是谁家的冒失鬼呀？'她自言自语道，'啊，一定是维勒！'如果维勒再敲一下，不就见到女神了吗？"

"过了几天，又有人来敲门，一次敲不开，继续敲下去，女神开了门，是塞夫斯特穆，他们相晤了，钒便产生了。"

这是塞夫斯特穆给他的朋友维勒信中的一段话。

同是科学家，但维勒浅尝辄止，而塞夫斯特穆却能持之以恒，最终得到女神的青睐。这就是做事有恒心的结果。

 **人生法则**

由此可见，成功更多依赖的是人的恒心与忍耐力，而不仅仅是他的天赋或朋友的支持，以及各种有利条件的配合。最终，天才的力量总比不上勤奋工作含辛茹苦的力量。才华固然是我们所渴望的，但恒心与忍耐力更让我们感动。

坚持是实现目标的关键

在《圣经》的《路加福音》中，耶稣讲过这样一个寓言。"假设你半夜到你的朋友那里去，说：'朋友，请借给我三个饼，因为我有一个朋友行路，来到我这里，我没有什么给他摆上。'那人在里面回答说：'不要搅扰我。门已经关闭，孩子们也同我在床上了。我不能起来给你。'我告诉你们，虽然他不像个朋友似的起来给你，但只要你一个劲儿地敲下去，因为你的坚持，他就一定起来照你所需用的给你。"

这就是有关坚持的哲理。

在一座很高很高的山脚下，有三个准备爬山的人碰到了一块儿。

这三个人几乎同时开始行动，可是由于三个人的心态不同，慢慢地就出现了三种不同的结果。

第一个人喜欢爬一步回头看一步，他很清楚自己在做什么，也相当看重自己的成绩，所以他随时都想知道自己究竟已经爬到了什么地方了。这样，他爬了一段，觉得的确已经很高了，心里想道："大概离山顶也差不多了罢。"就仰起头来向上看看，可是山顶简直看都看不见呢。这个人忽然觉得很无聊，好像自己是在做些毫无意义的事情。他自言自语地说："我爬了这么长时间，还是在山脚，那我什么时候才能爬到山顶呀？既然如此，我又爬它干什么！不如及早回头吧。"于是，他果然就头也不回地下山了。

第二个人，凭着一股热情一下子就爬到了半山，这真是挺不容易的，不但别人羡慕他，就是他自己也有点惊讶自己会爬得这样快，所以他就坐了下来向下半山看，又向上半山看了看，心里着实有些得意。他不觉自言自语地说道："嘿嘿，真没想到，我一下子就爬到半山腰了！真够厉害的了。不过，我已经爬得这样高了，也真够辛苦的；说到成绩，我自估一下，也不能算少。那么，这以后的一半山路，我就是要别人用小轿子来抬，也不算过分吧！这点资格，我还是应该有的。"他这样想着，也真的这样做了。于是，他老坐着休息，等别人用小轿子去抬他上山顶。可惜，似乎并

39

没有人去抬他。假如他自己不上山去或下山来，也许他一直要在都坐在那儿等下去。

只有第三个人，似乎是一个平平常常的人，大概因为他是平常人吧，他觉得爬山可并不是那么容易，然而也并不太艰难，而以为别人能够爬，他也就能够爬，所以他既没有把自己看得一无用处，也没有把自己看得如何如何地了不起。这样，人们看见，他只是一步一步地爬上去，也就一步一步地接近那山顶。而最后，只有他最终爬上了山顶。

第三个人之所以能够最终爬到山顶，就是因为他愿意付出必要的努力，能够"步步为营"，一步步稳健地接近山顶。

《向你挑战》的作者廉·丹佛指出：爬山虽然不那么容易，然而也并不太艰难，只要你一步一步地爬上去，就能爬上山顶。在事业上也是同样的道理。在前进的征途中，千万不要一遇到阻力就停下来，轻易地放弃。

在所有那些最终决定成功与否的品质中，"坚持"无疑是你最终实现目标的关键。

人们总是责怪命运的盲目性，其实命运本身还不如人那么具有盲目性。了解实际生活的人都知道：天道酬勤，命运掌握在那些勤勤恳恳地工作的人手中，就正如优秀的航海家驾驭大风大浪一样。对人类历史的研究表明，在成就一番伟业的过程中，一些最普通的品格，如公共意识、注意力、专心致志、持之以恒等等，往往起很大的作用。即使是盖世天才也不能小视这些品质的巨大作用，一般的人就更不用说了。事实上，正是那些真正伟大的人物相信常人的智慧与毅力的作用，而不相信什么天才。甚至有人把天才定义为公共意识升华的结果。一位学者指出，天才就是不断努力地能力。约翰·弗斯特认为天才就是点燃自己的智慧之火。波恩认为"天才就是耐心"。

瓦特可说是世界上最勤劳的人之一，不仅是他的生平证明了，而且他所有的经验都确认了这么一个道理：那些天生具有伟大精力和伟大才能的人并非一定就能取得最伟大的成就，只有那些以最大的勤奋和最认真的训练有素的技能——包括来自劳动、实际运用和经验等方面的技能去充分发挥自己才能和力量的人才会取得伟大成就。与瓦特同时代的许多人所掌握的知识远远多于瓦特，但没有一个人像瓦特一样刻苦工作，把自己所知道的知识服务于对社会有用的实用操作方面。在各种事情中，最重要的是瓦特那种对事业坚韧不拔的探求精神。他认真培养那种积极留心观察、做生活的有心人的习惯，这种习惯是所有高水平工作的头脑所依赖的。

实际上，埃德奇沃斯先生就对这种观点情有独钟：人们头脑中的知识差异在很大程度上更多地是由早年时代所培养起来的留心观察的习惯所决定的，而不是由个人之间能力上任何巨大的差别来决定的。

甚至在孩提时代，瓦特就在自己的游戏玩具中发现了科学性质的东西。散落在他父亲的木匠房里的扇形体激发他去研究光学和天文学。他那体弱多病的状态导致他去探究生理学的奥秘。在偏僻的乡村度假期间，他兴致勃勃去研究植物学。在他从事数学仪器制造期间，他收到一个制作一架管风琴的订单，尽管他没有音乐细胞，但他立即着手去研究，终于成功地制造了这架管风琴。同样，在这种精神的驱使下，当执教于格拉斯哥大学的纽卡门把细小的蒸汽机模型交给瓦特修理时，他马上投入到学习当时所能知道的一切关于热量、蒸发和凝聚的知识中去——同时他开始从事机械学和建筑学的研究——这些努力的结果最后都反映在凝结了他无数心血的压力蒸汽机上。

天赋过人的人如果没有毅力和恒心作基础，他只会成为转瞬即逝的火花；许多意志坚强、持之以恒而智力平平，乃至稍稍迟钝的人都会超过那些只有天赋而没有毅力的人。正如意大利民谚所云："走得慢且坚持到底的人才是真正走得快的人。"

那些最能持之以恒、忘我工作的人往往是最成功的。

 **人生法则**

人人都渴望成功，人人都想得到成功的秘诀，然而成功并非唾手可得。我们常常忘记，即使是最简单最容易的事，如果不能坚持下去，成功的大门绝不会轻易地开启。除了坚持不懈，成功并没有其他秘诀。

呐喊着向前进，永不停息

种下一粒坚韧的种子

信念，是蕴藏在心中的一团永不熄灭的火花。信念，是保证一生追求目标成功的内在驱动力。信念的最大价值是支撑人对美好事物孜孜以求。

信念是探索未来的基点

告诉你一个保证你失败的规律："每当你遭受挫折时便放弃它！"我敢担保你如果这样做就决不会胜利。

也告诉你一个保证你会成功的诀窍："每当你失败时，再去尝试，原谅自己的过失。"

他从小就经常下地劳动，高中毕业后，他参军离开了家乡，不久部队派他去了德国。在那儿的一个军人商店里，他买到了自己有生以来第一把吉他。你看，他这个人早有一个梦想，一个在家从父亲买的收音机里第一次听到音乐时就产生的梦想：他想当个歌手。

有一次，他在教堂里看了一个歌唱小组的演唱，他亲眼目睹了落幕时观众纷纷要求歌手签名的热烈情景。这也是他希望得到的荣誉。于是，他决定要好好练习唱歌，要让观众也来请他签名。

他开始在德国自学弹吉他，并练习唱歌，他甚至自己创作了一些歌曲。

服役期满后，他开始努力工作以实现当一名歌手的夙愿，可他没能马上成功。

没人请他唱歌，就连电台唱片音乐节目广播员的职位他也没能得到。

他只得靠挨家挨户推销各种生活用品维持生计，不过他还是坚持练唱。他组织了一个小型的歌唱小组在各个教堂、小镇上巡回演出，为歌迷们演唱。

最后，他灌制的一张唱片奠定了他音乐工作的基础。他吸引了两万名以上的歌迷，金钱、荣誉、在全国电视屏幕上露面——所有这一切都属于他了。他对自己坚信不疑，这使他获得了成功。他的名字叫约翰尼·卡许。

然而，卡许又接着经受了第二次考验。经过几年的巡回演出，他被那些狂热的歌迷拖垮了，晚上须服安眠药才能入睡，而且还要吃些"兴奋剂"来维持第二天的精神状态。他开始沾染上一些恶习——酗酒、服用巴比妥酸盐（催眠镇静药）和安非他明（刺激兴奋性药物）。他对这些药物的欲求非常强烈，竟常常破门闯入药店获取所需的药片。他渐渐失去了观众，也不再获奖。他的朋友都试着帮助他，但他根本听不进去，他的恶习日渐严重，以致对自己失去了控制能力。

他不是出现在舞台上而是更多地出现在监狱里了。到了1967年，他每天必须吃100多片药片。

一天早晨，当他从佐治亚州的一所监狱刑满出狱时，一位行政司法长官对他说："约翰尼·卡许，我今天要把你的钱和麻醉药都还给你，因为你比别人更明白你能充分自由地选择自己想干的事。看，这就是你的钱和药片，你现在就把这些药片扔掉吧，否则，你就去麻醉自己，毁灭自己，你选择吧！"

卡许选择了生活。他又一次对自己的能力作了肯定，深信自己能再次成功。他回到纳什维利，并找到他的私人医生。医生不太相信他，认为他很难改掉吃麻醉药的坏毛病，医生告诉他："戒毒瘾比找上帝还难。"

卡许开始了他的第二次奋斗。他把自己锁在卧室闭门不出，一心一意就是要根绝毒瘾，为此他忍受了巨大的痛苦，经常做噩梦。后来在回忆这段往事时，他说，他总是昏昏沉沉，好像身体里有许多玻璃球在膨胀，突然一声爆响，只觉得全身布满了玻璃碎片。当时摆在他面前的，一边是麻醉药的引诱，另一边是他奋斗目标的召唤，结果他的信念占了上风。

9个星期以后，他又恢复到原来的样子了，睡觉不再做噩梦。他努力实

现自己的计划。几个月后，他重返舞台，再次引吭高歌。他不停息地奋斗，终于又一次成为超级歌星。

托马斯·爱迪生试验超过 2000 次以上才发明了灯泡时，有一位年轻的记者问他失败了这么多次的感想，他说："我从未失败过一次。我发明了灯泡，而整个发明的过程刚好有 2000 个步骤。"这就是信念，指引爱迪生发明灯泡的正确的信念。

鲁西南深处有一个小村子叫姜村，这个小村子因为每一年都要有几个人考上大学、硕士甚至博士而闻名遐迩。方圆几十里以内的人们没有不知道姜村的，人们会说，就是那个出大学生的村子。久而久之，人们不叫姜村了，大学村成了姜村的新村名。

姜村只有一所小学校，每一个年级一个班。以前的时候，一个班只有十几个孩子。现在不同了，方圆十几个村，只要与村里有亲戚的，都千方百计把孩子送到这里来，人们说，把孩子送到姜村，就等于把孩子送进大学了。

在惊叹姜村奇迹的同时，人们也都在问，都在思索。是姜村的水土好吗，是姜村的父母掌握了教孩子秘诀吗，还是别的什么？

假如你去问姜村的人，他们不会告诉你什么，因为他们对于秘密似乎也一无所知。

在 20 多年前，姜村小学调来了一个 50 多岁的老教师，听人说这个教师是一位大学教授，不知什么原因被贬到了这个偏远的小村了。这个老师教了不长时间以后，就有一个传说在村里流传。这个老师能掐会算，他能预测孩子的前程。有的孩子回家说，老师说了，他将来能成数学家；有的孩子说，老师说了，他将来能成作家；有的孩子说，老师说，将来他能成音乐家；有的说，老师说他将来能成钱学森那样的人，等等。

不久，家长们又发现，他们的孩子与以前不大一样了，他们变得懂事而好学，好像他们真的是数学家、作家、音乐家的材料了。老师说会成为数学家的孩子，对数学的学习更加刻苦；老师说会成为作家的孩子，语文成绩更加出类拔萃。孩子们不再贪玩，不用像以前那样严加管教，孩子也都变得十分自觉。因为他们都被灌输了这样的信念：他们将来都是杰出的人，而有好玩、不刻苦等恶习的孩子都是成不了杰出人才的。

家长们很纳闷，也将信将疑，莫非孩子真的是大材料，被老师道破了天机？

就这样过去了几年，奇迹发生了。这些孩子到了参加高考的时候，大部分都以优异的成绩考上了大学。

这个老师在姜村人的眼里变得神乎其神，他们让他看自己的宅基地，测自己的命运。可是这个老师却说，他只会给学生预测，不会其他的。

这个老师年龄大了，回了城市，但他把预测的方法教给了接任的老师，接任的老师还在给一级一级的孩子预测着，而且，他们坚守着老教师的嘱托：不把这个秘密告诉给村里的人们。那些学生们从考上大学的那一刻起，对于这个秘密就恍然大悟了，但他们这些人又都自觉地坚守起了这个秘密。

听说完这个故事，我们应该被这位可敬的老师感动着。人世间还有什么力量能超过信念的力量呢？他通过中国最传统的方式，在这些幼小孩子的心灵里栽种了信念啊！

可见正确的信念之下，才能产生强大的力量。

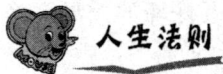

人生法则

信念，是蕴藏在心中的一团永不熄灭的火光。信念，是保证一生追求目标成功的内在驱动力。信念的最大价值是支撑人对美好事物孜孜以求。

信念主宰命运

当你坚信某一件事情的时候，就无疑给自己的潜意识下了一道不容置疑的命令，有什么样的信念就决定你会有什么样的力量，一切的决定，一切的思考，一切的感受与行动都会受控于某一种力量，它就是信念。

1953年5月29日，世界上第一次从珠峰南坡登顶的是新西兰人希拉里和夏尔巴人丹增。而后，每一个试图征服珠峰的登山队，都离不开夏尔巴

向导和挑夫的帮助。

2000 年，一个联合登山队准备去征服珠峰，而且要同时清扫以前登山队在珠峰上留下的垃圾，于是，他们找到了能给予他们最大帮助的夏尔巴人。

联合登山队队员为了自己征服珠峰的理想，聚集到了一号营。为了能够多清理一些珠峰上的垃圾，9 名队员组成的登山队还请了 30 名夏尔巴挑夫。这些挑夫的首领叫阿巴·夏尔巴。

这个联合队里的队员有的已经第四次攀登珠峰了，有的则是第一次。其中，薛曼年龄最大，以前登过珠峰，但没有成功，他这次是怀着心愿来的，也是最后一次机会。

大家在营地休息的时候，薛曼一个人坐在雪地里沉思，摄影师则去拍摄阿巴·夏尔巴，并问他，如果这次登顶成功，将是第 11 次登上珠峰，将打破世界纪录，是否怀有兴奋的感觉？

阿巴·夏尔巴听后，并没有高兴，只是淡淡地说："我们也想做工程师，想做医生，但条件不许可。所以我们只能选择做攀登珠峰的向导，挣多一点钱，让孩子可以受教育，让孩子们完成我们的心愿。"

登山队和夏尔巴人经过一番周密的计划，然后向珠峰进发了，每个人怀着不同的目的。

按照事先的计划，一部分夏尔巴人陆续将登山途中拾到的生活垃圾和数以百计的废氧气瓶带回一号营。而登山队队员们经过昼夜跋涉，也顺利地通过几个营址，一步步地接近顶峰。然而危险的警报就在这平静中爆发，基地发来了暴风警报，几小时后，强烈风暴将登陆峰顶。这条信息意味着队员们在这几个小时内必须登顶，然后返回最近的一个营地，否则后果不堪设想。

于是，队员和阿巴·夏尔巴加快了攀登的速度。而年老的薛曼却因为体力不济和雪盲症发作而远远落在了队伍的后面。当阿巴·夏尔巴带领着 3 名登山队员和 10 名夏尔巴人登顶成功后，在返回的路上遇到了艰难向顶峰攀登的他。

阿巴·夏尔巴停下了，他让其他人先下山，自己陪着薛曼。他面对着

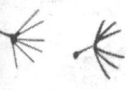

虚弱的薛曼说："我知道登上顶峰是你的理想，我可以带你上去，但我不一定能够带你下来。我知道你想完成自己的理想，但你的理想可能会让一个夏尔巴人送命。"

薛曼沉默了，看着近在咫尺的理想，他沉思了一分钟，最终选择下山。所有的人都无一损失地回到一号营地，愉快地聚集在一起，只有薛曼在角落里流泪了。他说："在靠近峰顶，面对危险的时候，我想到了妻子、家人。我知道生活里有许多比完成我登顶理想更重要的事情。"

为了理想，薛曼去征服珠峰；为了在加德满都上学的孩子，阿巴·夏尔巴选择了做攀登珠峰的队员的向导。

对于年轻人来说，不管现在他多么贫穷或者多么笨拙，只要他有着积极进取的心态和更上一层楼的决心，我们就不应该对他失去信心。对于一个渴望着在这个世界上立身扬名、成就一番事业的人来说，任何东西都不是他前进的障碍。不管他所处的环境是多么的恶劣，也不管他面临什么艰难险阻，他总是能通过内心的力量驱动自己，脱颖而出，勇往直前。

你或许会认为自己太差劲，能成就一番事业的机会和概率微乎其微，但是，问题的关键并不在于你现在的地位是多么的卑微或者从事的工作是多么的微不足道，只要你有强烈的进取心，只要你不局限于狭小的圈子，只要你渴望着有朝一日成为万众瞩目的人物，只要你希冀着攀登上成功的巅峰并愿意为此付出切实有效的努力，那么任何障碍都阻挡不了你成功的步伐。

5年前，斯蒂芬·阿尔法经营的是小本农具买卖。他过着平凡而又体面的生活，但并不理想。他一家的房子太小，也没有钱买他们想要的东西。阿尔法的妻子并没有抱怨，很显然，她只是安于天命而并不幸福。

阿尔法的内心深处变得越来越不满。当他意识到爱妻和他的两个孩子并没有过上好日子的时候，心里就感到深深的刺痛。

但是今天，一切都有了极大的变化。现在，阿尔法有了一所占地2英亩的漂亮新家。他和妻子再也不用担心能否送他们的孩子上一所好的大学了，他的妻子在花钱买衣服的时候也不再有那种犯罪的感觉了。明年夏天，他们全家都将去欧洲度假，阿尔法过上了真正幸福的生活。阿尔法说："这一

切的发生，是因为我竖立了信念。5年以前，我听说在底特律有一个经营农具的工作。那时，我们还住在克利夫兰。我决定试试，希望能多挣一点钱。我到达底特律的时间是星期天的早晨，但公司与我面谈还得等到星期一。晚饭后，我坐在旅馆里静思默想，突然觉得自己是多么的可憎。'这到底是为什么！'我问自己：'失败为什么总属于我呢？'"

阿尔法不知道那天是什么促使他做了这样一件事：他取了一张旅馆的信纸，写下几个他非常熟悉的在近几年内远远超过他的人的名字。他们取得了更多的权力和工作职责。其中两个原是邻近的农场主，现已搬到更好的边远地区去了；其他两位阿尔法曾经为他们工作过；最后一位则是他的妹夫。

阿尔法问自己：是什么使这5位朋友拥有如此优势呢？他把自己的智力与他们作了一个比较，阿尔法觉得他们并不比自己更聪明；而他们所受的教育，他们的正直、个人习性等，也并不拥有任何优势。终于，阿尔法想到了另一个成功的因素，即主动性。阿尔法不得不承认，他的朋友们在这点上胜他一筹。

当时已快深夜3点钟了，但阿尔法的脑子却还十分清醒。他第一次发现了自己的弱点。他深深地挖掘自己，发现缺少主动性是因为在内心深处，他并不看重自己。

阿尔法坐着度过了残夜，回忆着过去的一切。从他记事起，阿尔法便缺乏自信心，他发现过去的自己总是在自寻烦恼，自己总对自己说不行，不行，不行！他总在表现自己的短处，几乎他所做的一切都表现出了这种自我贬值。

终于阿尔法明白了：如果自己都不信任自己的话，那么将没有人信任你！

于是，阿尔法做出了决定："我一直都是把自己当成一个二等公民，从今后，我再也不这样想了。"

第二天上午，阿尔法仍保持着那种自信心。他暗暗以这次与公司的面谈作为对自己自信心的第一次考验。在这次面谈以前，阿尔法希望自己有勇气提出比原来工资高750甚至1000美元的要求。但经过这次自我反省后，阿尔法认识到了他的自我价值，因而把这个目标提到了 3500 美元。

结果，阿尔法达到了目的。他获得了成功。

坚定的信念，是挖掘幸福之泉的铁铲，是开拓人类荒原的钻机，是攀登事业珠穆朗玛的绳索。相信未来，是因为相信未来的神奇力量能启迪你的心扉，激起你内心巨大的潜能，产生把你推向成功的力量，让你的勇气涌向天边的海浪，用自信的手掌托起理想的太阳。

要相信苦难不会持久

在奥格·曼狄诺的演讲中，经常提到罗伯特·斯契勒的故事。

一天，罗伯特·斯契勒来到芝加哥，要向一群中西部农民发表演说。虽然他满腔热忱，但很快便被他们凝重的面色泼了一盆冷水。他们强作热情地接待罗伯特，其中有位农民告诉他说："我们正过着艰苦的日子。我们需要帮助。我们最需要的是希望，给我们希望吧。"

在罗伯特开始演讲前，主持人向这些听众作介绍，他把罗伯特形容为一个成功的人，但是听众不知道，罗伯特也曾走过他们现在所走的路。

罗伯特的童年是在中西部的一个小农场里度过的。他的父亲本来是一个雇农，后来积够了钱才买了一个 65 公顷的农场。经济大萧条时，罗伯特还只有 3 岁。那年冬天，他们有时连买煤的钱都没有。那时候罗伯特也要工作，他要爬进猪栏，捡拾猪吃剩后的玉米棒子，用来做燃料。那些日子真苦啊！

第二年春天，又遇到严重春旱。罗伯特的父亲准备把辛辛苦苦留起来的几斗宝贵玉米用作种子。

"种了可能枯死，何必还要冒险去种呢？"罗伯特问。

种下一粒坚韧的种子

他父亲却说："不冒险的人永无前途。"

于是，他父亲把留起来的最后一些玉米粒和燕麦，全都拿出来种了。

可是，第四个星期过去了，还不见有雨来临，父亲的脸绷得紧紧的。他和其他农民聚在一起祈祷，请求上帝拯救他们的田地和作物。后来，雷声终于响起，天下雨了！虽然罗伯特雀跃万分，但是他的父母知道雨下得不够。炎阳不久就再次出现，天气又热起来了。他父亲掐了一把泥土，只有上面1/4是湿的，下面全是粉状的干泥。

那年夏天，罗伯特看见弗洛德河逐渐变干涸，小水坑变成泥坑，平时来去扭动的鲶鱼都死了。他父亲的收成只有半车玉米，这个收成和他所播的种子数量刚好相等。父亲在晚餐祈祷时说："慈爱的主，谢谢你，我今年没有损失，你把我的种子都还给我了。"当时并不是所有的农民都像他父亲那么有信心，一家又一家的农场挂起了"出售"的牌子。

他父亲当时请求银行给予帮助，银行信任他，而且帮助了他。

罗伯特还记得童年时穿着补缀的大衣跟父亲去爱阿华银行，他记得那银行的日历上有这样一句格言："伟人就是具有无比决心的普通人。"

他觉得父亲就是这种积极态度的榜样。

若干年后六月里的一个寂静下午，罗伯特家受到龙卷风的侵袭。他们起初慢慢听到一阵可怕的怒吼声，慢慢地，风暴逐渐逼近了。忽然天上有一堆黑云凸了出来，像个灰色长漏斗般伸向地面。它在半空中悬吊了一阵子，像一条蛇似的蓄势待攻。父亲对母亲喊道："是龙卷风，珍妮！我们得赶快离开这里！"转瞬间，他们便已慌慌张张地开车上路。南行3公里之后，他们把车子停好，观看那凶暴的旋风在他们后面肆虐……到他们返回家后，发现一切都没有了，半小时前那里还有9幢刚刷过的房屋，现在一幢也不存在，只留下地基。父亲坐在那里惊愕得双手紧握驾驶盘。这时，罗伯特注意到父亲满头白发，身体由于艰辛劳作而显得瘦弱不堪。突然间，父亲的双手猛拍在驾驶盘上，他哭了："一切都完了！珍妮！26年的心血在几分钟内全完了！"

但是，他父亲不肯服输。两星期后，他们在附近小镇上找到一幢正在拆卸的房子，他们花了50美元买下其中一截，然后一块块地把它拆下来。

就是用这些零碎东西，他们在旧地基上建了一幢很小的新房子。以后几年，又建筑了一幢幢房屋。结果，他父亲在有生之年，看到了他的农场经营得非常成功。

讲完了自己的故事，罗伯特告诉听众："苦难不会持久，强者却可长存！"听众顿时响起热烈掌声。那些已经失去希望以及曾与沮丧情绪搏斗的人，重新获得了希望。他们有了新的憧憬，再度开始梦想未来。

 **人生法则**

> 当你面对艰苦日子的时候，千万不要泄气，不要绝望。要坚持硬挺下去。如果困苦好像达到极点的时候，你要提醒自己：苦难不会持久，强者却可长存！

用信仰增加勇气

如果有人问你是否相信美国是个充满机会的国度——也就是说，只要能力与精力许可，人人都能达到自己所追求的目标，你极有可能会回答："是。"一声清响的"是"，并且还会有别人在旁边摇旗呐喊，表示赞同。但是，你相信的程度如何呢？如果你此时正失业在家，完全没有收入，新的工作又全然无望，你仍会相信这种说法吗？你不但相信，而且会采取行动以证明此话的真实性吗？

有个人就会这样相信。他叫雷纳·川伽，住在密苏里州独立市的雷德街。1928 年，川伽先生才继承了一笔价值 10 万美元的产业。可是才 10 年的时间，即 1938 年，他却宣告破产。川伽先生这样写道："我的父亲不但事业成功，而且为人慷慨。在我高中时，只要我需用钱，他都允许我随时用银行的账号开支票。到了我上大学时，我更是精于此道了。我完全不知钱的价值，更不知道要用什么方法去赚取。我只知道如何用父亲的账号去签写支票。

"一直继续到父亲过世，我这样的生活方式才算结束。父亲去世的时候，留给我一笔相当大，而且十分值钱的土地，位置就在密苏里河下游靠近莱新顿一带。我开始以农夫自居，但不多久，大萧条横扫全国各地，我第一年的财务便呈现严重赤字。我抵押了一片土地去偿还债务和填补银行存款，但不景气继续维持下去，使我不得不把那片抵押的土地以极低的价格卖出。由于我仍然需要钱花，所以又同样地陆续把田地抵押、变卖了。

到最后，算总账的日子来了。而我已一无所有了。假如我要继续活下去，得出去找一份工作——那是我以前从未做过的事。我苦不堪言，夜晚都不能入睡。我唯一的技能是开支票，但这方法已行不通了。我完全不知所措。

一个晚上，我从噩梦中醒来，终于知道自己必须面对事实。我对自己说，滑雪橇的童年日子已过，现在你已长大成人，当然行事也要像个大人。起来吧，起来工作！必须起来工作！

除了面对自己的困境之外，我也开始找出自己究竟信仰什么。

以前，我一直人云亦云地认为美国是个充满机会的国度，只要努力，便能达到追求的目标。如今，虽然正值萧条时刻，工作机会不多，但我个人仍有一些长处。

我的身体很健康，有一份大学文凭和一些商业知识，又有从失败和错误中得到的经验和体会。现在，我需要的是采取行动，而不是浪费时间去感叹自己的不幸遭遇。

我很了解自己。对我来说，找份工作并不容易。但是，我不能让自己颓丧下去，我必须强迫自己用信心来取代恐惧和疑惑。我要相信这个国家是个充满机会的地方，只要有决心，人人都可挣得一席之地。就是这份信念，使我能够不轻言放弃。

这份信念终于得到证实。我在堪萨斯市的一家财务公司找到工作，并在那里愉快地工作了 4 年。后来，我辞去职务，再度回到农场上。这一次，事情进行得顺利多了。我慢慢建立起自己的信用，并逐渐扩大事业的范围。我买进卖出，获得了一些利润。感谢多年来失败给我的教训，这一次，我是走上成功的路了。

我失去的产业，被我再度赚回来了。我的努力没有白费，但重要的，是这些宝贵经验都传给了两个儿子。这比单独给他们财富有意义多了。

我从而得知，我们必须信仰某些事物。但是，如果我们没有就这些信仰去采取行动，一切仍然无用。只有信心而没有作为，是无济于事的。"

川伽先生的故事是迈向成熟的最佳例证——他从一个被娇宠、不知责任为何物的男孩，在一夜之间认清自己不但要有所信仰，并且要因此采取行动来印证这个信仰。此前，川伽先生像孩童一样逃避现实，但是，他对美国的信心，使他能像成人一样再度面对现实，从现实中拯救了自己。

《如何度过一年三百六十五天》的作者约翰·辛德勒说："成熟必须靠学习得来。"而且，通常必须经过心碎的苦难才能学到。

这也正是李莉安·赫德黎所学得的教训。赫德黎太太住在加拿大的沙卡契文市，是个快乐、平凡的家庭主妇。她的生活一直顺遂无事，直到一天发生了一场可怕的车祸，使她毫无防备地掉入一个大深沟里。

开始，大家以为赫德黎太太的脊椎骨断裂，后来，根据 X 光显示，虽然她的脊椎骨并没有碎开，但骨骼表面仍因擦伤而长出刺状物。医生吩咐她卧床静养三个星期，同时，医生还告诉她，由于她的脊椎骨有严重的僵硬现象，也许在五六年后，会全身无法动弹。

赫德黎太太这样描述当时的心情："我一惊。我从来活泼好动，又从没遇到过不顺利的事。但现在，不幸终于发生了。卧床静养的时间由三星期延长到四星期，然后是五星期、六星期……我的勇气和乐观此时已消失无踪，取而代之的是无尽的恐惧……我只觉得自己一天比一天衰弱。

一个上午，我由梦中醒来，发觉自己的思绪如水晶般清澈透明。我告诉自己，五年的岁月不算短，我可以做许多事情以帮助家人。只要我继续用药物治疗、不多求、并且有决心战胜病魔，说不定还能改善自己的状况。我不想毫无奋斗便宣告投降，我一定要尽可能勇往直前。由于我这么相信，并且又下了决心想要立刻能有所作为，这么一来，恐惧和无力感立刻消失不见。我挣扎着起床，想要马上开始新的生活。

我找了两个字当成座右铭，时时不停地提醒自己：向前，向前，向前！

这件事已过五年半了。如今，我再度身体检查，医生认为我脊椎骨的情况良好，看起来可以继续维持另一个五年。医生要我保持愉快的心境、

种下一粒坚韧的种子

对生命感兴趣，并且继续向前行。这正是我的信念。只要我身上的肌肉还能活动，我就会继续走下去。"

赫德黎太太也是一个鼓舞人心的例证。她成熟的表现来自一个信念，并且根据这个信念采取行动。不过，只有信仰并不能让我们变得成熟。信仰的好处是能增加勇气，使我们在接受考验的时候，不致于临阵退却。除非我们以信仰做基础，然后付诸行动，不然，任何道理原则都是没有用处的。

有时，我们的行动和信仰也会有矛盾的地方。比如，有名妇女笑着说，店里的女售货员多找了 50 分的零钱给她。问她是否打算将钱退还，并向那位女店员说明理由，她听了大不以为然。

"当然不啊！"她提高了声调急急说道，"那是她的过失，当然得由她负责。想想看，若是她少找了钱给我，不就是我吃亏了吗？"

如果我们要认真质疑这名妇女的诚实度，当然她就要自取其辱了。她对女店员的过失似乎采取幸灾乐祸的态度，甚至到了不顾体面的地步。这种不磊落的行为，完全暴露出她不诚实的品格。

还有一名会计师也谈到自己接受面谈的经过。他曾应征一家公司的会计职务。由于这个职务须处理极大的款项，公司便派了一名心理学家来与他面谈，借此详细观察他的品格与诚实度。那名心理学家问了他一个问题："如果你有机会可以溜进一家戏院看电影，不用付钱，你会这么做吗？"心理学家知道，如果一个人不能在小事上表现诚实，那么，在有机会获取大利益的时候，就更不会感到犹豫了。

耶稣曾说过："凭他们所结的果子，就可以认出他们来。"是的，只有行为才算数。如果我们不能遵行，则任何哲学理论叫得喧天大响，对我们也没有丝毫益处。我们所结的果子将是苦的，我们的生命也是假冒伪善的。

一旦我们有了坚强的信念，就要付诸行动。

夏威夷有一名建筑承造商，坚信人不可轻言放弃。他不但如此坚信，而且时时在行动中表现出来，因此事业做得十分成功。他叫保罗·玛哈。

1931 年，玛哈先生在建筑和工业界四处打听，想找一份工作。

他年轻没有经验，因此处处碰壁，工作完全没有着落。由于当时不景气，没有公司需要增聘工程或制图人员，就是经验丰富的老手也往往遭到解聘。

玛哈先生坦承道："我实在感到气馁。但后来我决定，假如没有人愿意雇我，我就自己来做。我从亲友那里借了 500 块钱，然后成立了一家小小的建筑承造公司。

想要盖房子的人，谁会愿意找一名没有经验又没有名气的人来做呢？但无论如何，我鼓起勇气，下定决心要干到底。就凭这么一种信念和坚持，我终于找到几份小生意做了。

我的第一笔生意是承造一栋 2500 元的房子。由于缺乏经验，估价不准，结果赔损了 200 元。但是，有了这次失败的经验，接下去的几桩生意便弥补过来了。由于我坚信人不可轻言放弃，终于度过了一生中最大的难关。"

人生法则

人不是因为没有信心而跌倒，而是我们不能把信念化成行动，并且不顾一切地坚持到底。

用信念支撑自己的行动

有两个人同时到医院去看病，并且分别拍了 X 光片，其中一个原本就生了大病，得了癌症，另一个只是做例行的健康检查。

但是由于医生取错了照片，结果给了他们相反的诊断，那一位病况不佳的人，听到身体已恢复，满心欢喜，经过一段时间的调养，居然真的完全康复了。

而另一位本来没病的人，经过医生的宣判，内心起了很大的恐惧，整天焦虑不安，失去了生存的勇气，意志消沉，抵抗力也跟着减弱，结果还真的生了重病。

看到这则故事，真的是哭笑不得，因心理压力而得被医生诊出"重病"的人是该怨医生还是怨自己？乌斯蒂诺夫曾经说过："自认命中注定逃不出心灵监狱的人，会把布置牢房当作唯一的工作。"以为自己得了癌症，于是

便陷入不治之症的恐慌中，脑子里考虑更多的是"后事"，哪里还有心思寻开心，结果被自己打败；而真的癌症患者却用乐观的力量战胜了疾病，战胜了自己。

更多的时候，人们不是败给外界，而是败给自己。俗话说，"哀莫大于心死"，绝望和悲观是死亡的代名词，只有挑战自我，永不言败者才是人生最大的赢家。

战胜自己就是最大的胜利。与其说是战胜了疾病，不如说是战胜了自己。工作不顺利时，我们常常会找种种借口，认为是领导故意刁难，把不可能完成的工作交给自己；认为最近健康状况欠佳，才导致效率不高等等……心想偷懒，却把偷懒理由正当化，总认为期限还有三天，明天、后天拼一下，今天不妨放松一下。

实际上，战胜困难要比打败自己相对容易，所以有人说，"我"是自己最大的敌人。战胜自己靠的是信心，人有了信心就会产生力量。人与人之间，弱者与强者之间，成功与失败之间最大的差异就在于意志力量的差异。人一旦有了意志的力量，就能战胜自身的各种弱点。

我国游泳教练张健用50个小时横渡渤海海峡成功了，成为世界上第一个连续游泳超过100公里的人。然而，在这成功的背后，却曾经隐藏着失败的危机，张健在游到中程时曾有过放弃的想法。前几年报道说，世界上著名的游泳健将弗洛伦丝·查德威克，在第一次从卡得林那岛游向加利福尼亚海湾时，见前面大雾茫茫，便放弃了挑战，而此时距岸仅一海里。很显然，他并不是不具备能力，而是心理出了问题。

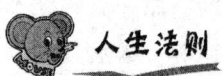 **人生法则**

人生最大的挑战就是挑战自己，这是因为其他敌人都容易战胜，唯独自己是最难战胜的。有位作家说得好："自己把自己说服了，是一种智的胜利；自己被自己感动了，是一种心灵的升华；自己把自己征服了，是一种人生的成熟。大凡说服了、感动了、征服了自己的人，就有力量征服一切挫折、痛苦和不幸。"

一把开启成功的钥匙

成功者都有一个共同的特点——勤奋。在这个世界上，投机取巧是永远都不会到达成功之路的，偷懒更是永远没有出头之日。

成功来自勤奋

如果你觉得自己是个天才，如果你觉得"一切都会顺理成章地得到"，那真是太不幸了。你应该尽快放弃这种错觉，一定要意识到，只有勤奋的工作才会使你获得自己想要的东西，在有助于成功的种种因素中，勤奋工作总是最有效的。

"有一个理念，会遭到虚度岁月的人、无知的人和游手好闲的人的强烈反对，"雷诺兹说，"我却不厌其烦地重复它。那就是：你千万不要依靠自己的天赋。

如果你有着很高的才华，勤奋会让它绽放无限光彩。如果你智力平庸，能力一般，勤奋可以弥补全部的不足。如果目标明确，方法得当，勤奋会让你硕果累累。没有勤奋工作，你终将一无所获。"

在美国耶鲁大学 300 周年校庆之际，全球第二大软件公司"甲骨文"的行政总裁、世界第四富豪艾里森应邀参加典礼。艾里森当着耶鲁大学校长、教师、校友、毕业生的面，说出一番惊世骇俗的言论。他说："所有哈佛大学、耶鲁大学等名校的师生都自以为是成功者，其实你们全都是失败者，因为你们以在有过比尔·盖茨等优秀学生的大学念书为荣，但比尔·

盖茨却并不以在哈佛读过书为荣。"

这番话令全场听众目瞪口呆。至今为止，像哈佛、耶鲁这样的名校从来都是令几乎所有人敬畏和神往的，艾里森也太狂了点吧，居然敢把那些骄傲的名校师生称为"失败者"。这还不算，艾里森接着说："众多最优秀的人才非但不以哈佛、耶鲁为荣，而且常常坚决地舍弃那种荣耀。世界第一富比尔·盖茨，中途从哈佛退学；世界第二富保尔·艾伦，根本就没上过大学；世界第四富，就是我艾里森，被耶鲁大学开除；世界第八富戴尔，只读过一年大学；微软总裁斯蒂夫·鲍尔默在财富榜上大概排在十名开外，他与比尔·盖茨是同学，为什么成就差一些呢？因为他是在读了一年研究生后才恋恋不舍地退学的……"

艾里森接着"安慰"那些自尊心受到一点伤害的耶鲁毕业生，他说："不过在座的各位也不要太难过，你们还是很有希望的，你们的希望就是，经过这么多年的努力学习，终于赢得了为我们这些人（退学者、未读大学者、被开除者）打工的机会。"

艾里森的话当然偏激，但并非全无道理。很多人以出生于一个良好家庭为荣，以进入一所名牌大学读书为荣，以有机会在国际大公司工作为荣。不能说这种荣耀感是不正当的，但如果过分迷恋这种仅仅是因为身份带给你的荣耀，那么人生的境界就不可能很高，事业的格局就不可能太大，当我们陶醉于自己的所谓"成功"时，我们已经被真正的成功者看成了失败者。

张溥，字天如，号西铭，明神宗万历三十年（1602 年）出生在江苏太仓的一个书香门第。张溥天资较差，常常过目即忘。但张溥小时候并不垂头丧气，而是想办法来克服这个缺点。有一次，他在读书过程中偶尔发现了一篇有关董遇读书故事的文章，其中"读书百遍其义自见"的一句话给了他很大启发。他想：人家读一篇文章，有个七八遍就能够背诵了，而我读了一二十遍却还只能断断续续地背个大概，这差异不能不承认。可是，我再怎么笨，只要多背几遍，保证每篇文章都读 100 遍，不也能记住吗？从此，他就这么做了。

古时候的私塾先生要求学生背诵的都是《四书》、《五经》之类，而这些枯燥乏味的文章，要重复地读上100遍，别说一个七八岁的孩子，就是一个大人也会觉得厌烦的。可张溥硬是不厌其烦地坚持下来。口渴了，他就舀一瓢水喝；嗓子哑了，他就把声音放低一点……苦读了一段时间，他终于能连贯地背出文章来了，这使他异常高兴。可是他发现白天背得挺熟的，第二天一觉醒来，又忘得差不多了，这又使他十分焦虑，他决心寻找出一种更为有效的读书方法。

因为没有背下来文章，张溥被先生罚抄书，他却因此意外地发现，抄书之后自己会背了。从此以后，张溥读书必手抄，读后又随即焚去，再抄，再读，再焚，如此六七次方休。

原来天资较差、记性不好的张溥，靠着这种读书"七录"的扎实工夫，终于获得了渊博的学识，成了著名的文学家。他著书立说，思路敏捷，文笔流畅，内容深邃，颇得好评。入选中学语文教材的《五人墓碑记》，即出自张溥之手。

高尔基曾经说过，聪明在于积累，天才在于勤奋。

也许梦想真的很难实现，但是我们每个人都为梦想而努力着，梦想就是我们的希望，梦想就是我们生命中重要的一部分。当你有了理想，就要为理想付出行动。张溥的勤奋，证明了勤能补拙，证明了一个人只要有了目标，有了坚定的信念，那就一定可以成功。

勤奋与成功是怎样一种关系呢？成功来自勤奋，但勤奋不一定会成功。勤奋加思考，这就是成功的关键。

缺乏思考的勤奋是需要质疑的，一个人的天资无论怎么聪明，如果没有刻苦勤奋的精神，是难成大器的。人的才能不是天生的，是靠坚持不懈地努力，靠勤奋换来的。

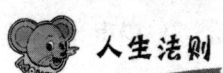 **人生法则**

> 勤奋对于个人成长具有重要意义，一个人若想成为一个有用之才就绝不能离开勤奋。因为勤奋是一切成就的基础，勤奋能使学业和事业有所成就。而在勤奋之前，必定要建立自己的信念，没了信念，也就没有勤奋的动力。

一把开启成功的钥匙

一分耕耘一分收获

YISHENG ZHONG ZHONGYAO DE 66GE FAZE

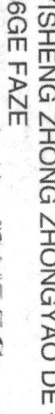

约瑟夫·库克说："机智灵活又踏实肯干的平凡人，比天才更易出成绩，取得更大的成绩。"

天赋如果不和敏捷的判断力、准确的逻辑推理能力、丰富的专业知识以及辛勤的工作联系起来，对于个人和社会就会毫无意义。有些人的确天赋不错，但对绝大多数人来说，勤能补拙，一分耕耘一分收获。很多天资聪慧却疏于劳作的人，只靠想象，期待奇迹会出现，而不是付出劳动去争取，最终还是两手空空，一无所获。

德国著名诗人席勒称自己"勤奋一生但壮志未酬"。在特罗洛普刚刚从事写作的时候，一个作家的建议使他受益终生，后来，他又把这句话送给了罗伯特·布坎南。他说："如果你想成为名垂千古的作家，在坐下来写作之前，先放一点鞋匠的粘胶在椅子上，有这样的创作精神才能希望成功。"

英国画家雷诺兹对天才曾经有过这样的阐释："天才除了全身心地专注于自己的目标，工作非常努力以外，与常人别无两样。"罗斯金则说："当听到年轻人对天才羡慕不已，推崇之极时，我常会问他这个问题，'天才勤奋工作吗？'我关注的是这两个词的差别：'应付差事'与'勤奋工作'。"

在一般人的眼里，汉夫雷·戴维肯定算不上命运的宠儿。由于出身贫寒，他接受教育和获得知识的机会极其有限。然而，他是一个勤奋刻苦的年轻人，当他在药店工作时，他甚至把旧的平底锅、烧水壶和各种各样的瓶子都用来做实验，锲而不舍地追求着科学和真理。后来，他以电化学创始人的身份出任英国皇家学会的会长。

在这个知识与科技发展一日千里的时代，随着知识、技能的折旧越来越快，不通过学习、培训进行技能更新，适应性自然会越来越差。只有不断学习，不断地充实自己，不断追求成长，才能使自己在工作中始终立于不败之地。

乔治的第一份工作，是在一个小镇上当老师，薪水十分微薄。其实他的优势很明显：教学基本功不错，还擅长写作。乔治一边抱怨命运的不公，

一边羡慕那些工作体面、薪水优厚的同学。这样一来，乔治不仅对工作提不起兴趣，写作也变得索然无味，他不务正业，一天到晚琢磨着"跳槽"，希望能有机会调到一个较好的工作单位。

两年的时间一晃而过，乔治的本职工作干得一塌糊涂，写作上也一无所获。这期间，他试着联系几家自己向往已久的单位，但没有一家单位愿意接纳他。正在乔治心灰意懒的时候，一件稀松平常的小事，彻底改变了乔治的生活状态。

那天学校开运动会，这在生活极其贫乏的小镇，无疑是件大事，因而前来观看的人络绎不绝，小小的操场围得水泄不通。乔治来晚了，他站在人墙后面，使劲踮起脚也看不到里面热闹的情景。

这时，身旁一个矮小的男孩引起了乔治的注意，只见他一趟趟地从不远处搬来砖头，在那人墙后面，耐心的垒着台子，一层又一层，足有半米高。乔治不知道他花费了多长时间垒起这个台子，不知道他因此少看了多少精彩的比赛，但他登上自己垒起的台子朝周围的观众粲然一笑时，那份成功的喜悦，却令乔治神往。

刹那间，乔治的心被震了一下。这是多么简单的事情啊：要想越过密密的人墙看到精彩的比赛，只要在脚下多垫一些砖头。

从那以后，乔治满怀激情地投入到工作中去。很快，他被评上了优秀教师，各种令人羡慕的荣誉也纷纷落到他头上。业余时间，他不辍笔耕，作品频繁见诸报端，成了多家报刊的特约撰稿人。如今，他已是小有名气的专栏作家。

人们还有一种错误的观点，以为天才不需要勤奋与苦干，这种思想断送了不少人的大好前途。有些年轻人以为，天才能干出惊天动地的大事，于是，只要自己也是天才的话，不费吹灰之力就会成为伟人。他们认为天才不需要刻苦学习，在不经意中，就能取得巨大成绩；或者为生活所迫，才偶尔拿起笔来挥舞一番，只要生活境况稍一改善，就重新贪图享乐起来；或者作息毫无规律，要么到处游荡，要么在火炉边胡思乱想。他们甚至认为，天才生来就对规则和体制深恶痛绝，反对束缚，要求"潇洒自如"，对纠缠细节、辛勤劳动不屑一顾，只要轻松一跃，成功就唾手可得。

这真是些幼稚的看法，根据英国画家雷诺兹的理解："天才除了全身心地专注于自己的目标，进行忘我的工作以外，与常人无异。"

曾国藩是中国历史上最有影响的人物之一，但是他小时候的天赋却不高。有一天在家读书，对一篇文章重复不知道多少遍了，还在朗读，因为他还没有背下来。

这时候他家来了一个贼，潜伏在他的屋檐下，希望等他睡觉之后捞点好处。可是等啊等，就是不见他睡觉，还是翻来覆去地读那篇文章。贼人大怒，跳出来说："这种水平读什么书？"然后将那文章背诵一遍，扬长而去！

贼人是很聪明，至少比曾国藩要聪明，但是他只能成为贼，而曾国藩却成为毛泽东主席都钦佩的人，认为他是"近代最有大本大源的人"。"勤能补拙是良训，一分辛苦一分收获。"那贼的记忆力真好，听过几遍的文章就能背下来，而且很勇敢，见别人不睡觉居然可以跳出来"大怒"，教训曾国藩之后，还要背书，扬长而去。但是遗憾的是，他的天赋没有加上勤奋，变得不知所终。

当然，并不是说，如果没有一点天赋，或者没有一定的基础，光靠勤奋本身就可以创造出天才。另一方面，这里强调的并不是具备天赋和很高能力的人才能取得成功，即使一个智商平常的人，只要他认真锻炼自己的能力，掌握必要的技巧，付出艰辛的劳动，同样可以取得成功。

一位智者说："一个中等智力水平的人，只要踏踏实实，坚持不懈，也要比反复无常、浅尝辄止的天才更值得尊敬与赞扬。"

众所周知的爱迪生，一生有上千种发明，为人类作出了杰出的贡献。难道因为他是天才吗？不，这是他长期勤奋努力的结果。在制作灯泡时，为了找到合适的灯丝，试验了上千种材料。一次又一次的失败，并没让他气馁，他反而说，失败一次，说明我们距成功又近了一步。

历史上，有许多伟大的人物并不是生下来就什么都懂，而是靠长年累月地勤奋才取得成功的。没有资料证明成功的人比其他人更聪明，他们的成功是比常人付出更多，是他们更勤奋努力的结果。由此可见，勤奋是成功的基石，成功需要勤奋的积累。一个人的进取和成才，环境、机遇、天赋学识等外部因素固然重要，但更重要的是依赖于自身的勤奋与努力。

比彻曾经说："就我所知，在任何知识领域，从来没有哪一本书，或者

哪一种文学作品，或者哪一种艺术流派，没有经过长期艰苦的创作就获得流芳百世的名声。天才需要勤奋，就像勤奋成就天才一样。"

人生法则

　　成功者都有一个共同的特点——勤奋。在这个世界上，投机取巧是永远都不会到达成功之路的，偷懒更是永远没有出头之日。用你的勤劳去找机会，用你的勇气去面对机会，用你的智慧去创造机会。其实在人的一生中，对一些大的事情、大的问题，应该做找机会、抢机会、创造机会的人。

勤奋是人生常胜的筹码

　　人们总是抱怨自己的命不好，其实机会对每个人都是均等的，而好运气总是落在特别努力勤奋工作的人身上。

　　人们常说，有耕耘才有收获。一个人的成功有多种因素，环境、机遇、学识等外部因素固然都很重要，但更重要的是依赖自身的勤奋努力、脚踏实地。缺少这一重要的基础，哪怕是天异禀赋的鹰也只能栖于树上，望塔兴叹。而肯努力，踏踏实实地工作，即便是行动迟缓的蜗牛也能雄踞塔顶，观千山暮雪，望万里层云。

　　大凡有所作为的人，无不与勤奋的习惯有着一定的关联。我们知道"将勤补拙"是李嘉诚的一条重要的人生准则，也是他成功的经验之一。

　　曾经有记者询问过李嘉诚的推销诀窍。李嘉诚不予正面回答，却讲了一个故事。

　　日本"推销之神"原一平在69岁时的一次演讲会上，当有人问他推销成功的秘诀时，他当场脱掉鞋袜，将提问者请上台说："请您摸摸我的脚板。"

　　提问者摸了摸，十分惊讶地说："您脚底的老茧好厚哇！"

　　原一平接过话头说："因为我走的路比别人多，跑得比别人勤，所以脚茧特别厚。"

提问者略一沉思，顿然感悟。

李嘉诚讲完故事后，微笑着自谦地对记者说："我没有资格让你来摸我的脚底，但我可以告诉你，我脚底的老茧也很厚。"

当年，李嘉诚每天都要背着一个装有样品的大包从坚尼地城出发，马不停蹄地走街串巷，从西营盘到上环到中环，然后坐轮渡到九龙半岛的尖沙咀、油麻地。

李嘉诚说："别人做8个小时，我就做16个小时，开初别无他法，只能将勤补拙。"

李嘉诚早先在茶楼当跑堂，拎着大茶壶，一天10多个小时来回跑。后来当推销员，依然是背着大包一天走10多个小时的路。

李嘉诚的脚板未必没有原一平的厚。这脚板上的老茧分明写着一个字：勤！

如果你希望一件事能快速而圆满地完成，那么请交给那些勤奋而忙碌的人吧。那些懒散的人，他们精于滥竽充数和偷工减料，大多数人并不了解自己处理事情的真正能力。

远大总裁张剑从创业到成功始终依靠自己的辛勤工作。他建立了远大企业后，就把辛勤耕耘的理念融入到远大的文化中。"远大"有自己的文化体系，而这个文化体系又需要以辛勤原则为中心的企业理念和视品牌为生命的经营理念为支撑。视品牌为生命这个好理解，但是我们又怎么去理解以辛勤原则为中心呢？这个"原则"是什么呢？

副总裁张跃认为："这两者是一致的，因为辛勤原则是不能改变的，只是有一些人不去尊重它。我们要知道，只有服务工作做得非常好，让你服务的对象非常满意，你才会有收益。我们是搞工业的，那我们的工业产品就要做得非常好，之后我们的工业产品的消费者才会非常满意。

所谓原则——自然法则，就是说必须要有很好的种子，有人的辛勤耕耘过程，这样才会有很好的收获，而且你的付出必须都在收获之前，这都是一些原则。你要把这些原则把握好，不要指望侥幸，不要指望去逾越自然法则，或者说先收获后耕耘，这是不可能的，或者说只收获不耕耘，这是更不可能的了。

当然在这个辛勤原则之上，我们还有一个很好的价值观，以这个辛勤原则为基础，这个价值观是各有不同的，但是我认为价值观可能会决定一个企业是不是可以发展得更好，违背原则是根本不可能生存下来的。而价值观好或坏是能决定你能不能生得更好的。作为一个人也好，作为一个团体也好，重要的是要稳定，但作为一个原则来说一定要非常清醒，就像在这个基础之上，一切东西都会好办的。

我觉得作为一个企业家，如果确定了企业价值观之后就好办了，那其他的事情就是个人的工作方法，真的很难说哪种更好。像我这样希望一切都能加以控制也许很好，像某些人那样子，一切事情只相信结果，把架构搭起来，一天开两次会，他相信会有好的结果，也许会有好的结果，因为他下面还有人帮助他控制。所以这种处事方法就比较次要一些。"

张剑兄弟对"辛勤"的认识，促使他们获得成功。

人生法则

> 如果你永远保持勤奋的工作状态，你就会得到他人的认可和称赞，同时也会脱颖而出，并得到成功的机会。

机遇偏爱勤奋的人

阿穆耳肥料工厂的厂长马克道厄尔，之所以由一个速记员而提升上来，是因为他能做非他分内所应做的工作。

他最初是在一个懒惰的书记底下做事，那书记总是把事推到手下职员的身上。他觉得马克道厄尔是一个可以任意驱使的人，某次便叫他替自己编一本阿穆耳先生往欧洲时用的密码电报书。那个书记的懒惰，使马克道厄尔拥有了做事的机会。

马克道厄尔不像一般人编电码一样，随意简单地编几张纸，而是编成

一本小小的书，用打字机很清楚地打出来，然后好好地用胶装订着。做好之后，那书记便交给阿穆耳先生。

"这大概不是你做的。"阿穆耳先生问。

"不……是……"那书记官战栗地回答。

"你叫他到我这里来。"

马克道厄尔到办公室来了，阿穆耳说："小伙子，你怎么把我的电报做成这样子的呢？"

"我想这样你用起来方便些。"

过了几天之后，马克道厄尔便坐在前面办公室的一张写字台前。再过些时候，他便代替以前那个书记的职位了。

下面我们来结识一下著名的房地产经纪人戴约瑟。

戴约瑟最初是因为自愿替一个同事做一笔生意，于是便升为一个售货员。14岁的时候，戴约瑟只是一个听差的小孩，他觉得要做一个售货员是一件不可能的事，而这是他极想做的事。有一天下午，芝加哥来了一个大主顾。

这天正是7月3日，这位主顾必须于7月5日动身前往欧洲，但他在动身之前需要订一批货。这要等到第二天才能办好，但第二天正是国庆日，当然是放假的日子，不过店家答应第二天有一个店员来照料。

普通订货的手续是主顾先把各色货样看过，然后选定他所想要的货，售货员再把所订的一卷一卷的货单拿出来检查一遍。

但是这次叫一个年轻的店员牺牲假日来取货，该青年却推托说他的父亲非常爱国，绝不肯叫他把国庆日这样卖掉了。这当然是一种推托之词，他真正的原因是想看赛球。

戴约瑟告诉那个店员说，他愿意代替他做，结果好运一步步地向他走近。

到17岁的时候，戴约瑟便是一个售货员了。

 人生法则

在工作中，绝大多数人只是在做好自己的本职工作，因为这是分内的事，但很少有人愿意去做分外的工作。殊不知，做分外的工作常常会获得机遇的垂青，因为机遇偏爱那些勤奋的人。

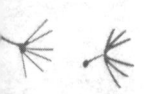

永不弯曲的脊梁

失信于人，不仅显示其人格卑贱、品行不端，而且是一种顾眼前不顾将来、顾短暂不顾长远的愚蠢行为，终将一事无成。

完美人格的味道

一个乞丐来到一个庭院，向女主人乞讨。这个乞丐很可怜，他的右手连同整条手臂都断掉了，空空的袖子晃荡着，让人看了很难过，碰上谁都会慷慨施舍的，可是女主人毫不客气地指着门前一堆砖对乞丐说："你帮我把这砖搬到屋后去吧。"

乞丐生气地说："我只有一只手，你还忍心叫我搬砖。不愿给就不给，何必捉弄人呢？"

女主人一点都不生气，她只是俯身搬起砖来。她故意只用一只手搬了一趟说："你看，并不是非要两只手才能干活。我能干，你为什么不能干呢？"

乞丐怔住了，他用异样的目光看着妇人，尖突的喉结像一枚橄榄上下滑动两下，终于他俯下身子，用他那唯一的一只手搬起砖来，一次只能搬两块。他整整搬了两个小时，才把砖搬完，累得气喘如牛，脸上有很多灰，几缕乱发被汗水浸湿了，歪贴在额头上。

妇人给乞丐一条雪白的毛巾。乞丐接过去，很仔细地把脸和脖子擦一遍，白毛巾变成了黑毛巾。

妇人又递给乞丐20元钱。乞丐接过来，很感激地说："谢谢你。"

妇人说："你不用谢我，这是你自己凭力气挣的工钱。"

乞丐说："我不会忘记你的，这条毛巾也给我留作纪念吧。"说完他深深地鞠一躬，就上路了。

过了很多天，又有一个乞丐来到庭院。那妇人把乞丐引到屋后，指着砖对他说："把砖搬到屋前就给你20元钱。"这位双手健全的乞丐却鄙夷地走开了，不知是不屑那20元钱还是别的什么。

妇人的孩子不解地问母亲："上次你叫乞丐把砖从屋前搬到屋后，这次你又叫乞丐把砖从屋后搬到屋前。你到底想把砖放在屋后还是屋前？"

母亲对他说："砖放在屋前和屋后都一样，可搬不搬对乞丐来说可就不一样了。"

此后还来过几个乞丐，那堆砖也就在屋前屋后来回了几趟。

若干年后，一个很体面的人来到这个庭院。他西装革履，气度不凡，跟那些自信、自重的成功人士一模一样，美中不足的是，这人只有一只手，一条空空的衣袖，一荡一荡的。

来人俯下身用一只手拉住有些老态龙钟的女主人说："如果没有你，我还是个乞丐，可是现在，我是一家公司的董事长。"

妇人已经记不起来他是哪一位了，只是淡淡地说："这是你自己干出来的。"

独臂的董事长要把妇人连同她一家人迁到城里去住，当城市人，过好一点的日子。

妇人说："我们不能接受你的照顾。"

"为什么？"

"因为我们一家人个个都有两只手。"

董事长伤心地坚持着："夫人，你让我知道了什么叫人，什么是人格，那房子是你教育我应得的报酬！"

妇人终于笑了："那你就把房子送给连一只手都没有的人吧。"

一个暴风骤雨的夜晚，一对上了年纪的夫妇来到一家旅店。他们的行李非常简单。年老的男人对旅店伙计说："对不起，我们跑遍了其他的旅店，里面全客满了。我们想在贵处借住一晚，行吗？"

年轻的伙计解释说："这两天，有三个会议同时在这个地方召开，所以附近的旅店会家家客满。不过，天气这么糟糕，你们二位一把年纪，没个落脚处也不方便。"

伙计一边说一边把两位老人往里边请："我们的旅店也客满了，要是你们不介意的话，你们就睡我的床吧！"

"那你怎么办呢？"那对夫妇异口同声地问。

"我身体很好，在桌子上趴一会儿，或者在地上搭个铺都不碍事的。"

第二天早上，老人付房钱时，伙计坚持不要，说："我自己的床铺不是用来赢利的，我怎么能要你们的钱呢？"

"年轻人，你可以成为美国第一流旅馆的经理。"

伙计听了，只当是一个玩笑，畅怀大笑起来。

两年过去了。一天，年轻人收到了一封信，信里附着一张到纽约的双程机票，约请他的正是两年前在那个雨夜借宿的客人。

年轻人来到了纽约，老人把他带到第五大街和第三十四街的交汇处，指着一幢高楼说："年轻人，这就是我们为你盖的旅馆，你愿意做这个旅馆的经理吗？"……

那位年轻人就是后来大家都熟识的纽约首屈一指的奥斯多利亚大饭店的经理乔治·波尔特，那位老人则是威廉·奥斯多先生。

美国著名心理医生基恩博士常跟病人讲起小时候改变自己一生的经历：

一天，几个白人小孩子正在公园里玩。这时，一位卖氢气球的老人推着货车进了公园。白人小孩一窝蜂地跑了上去，每人买了一个气球，兴高采烈地追逐着放飞的气球跑开了。白人小孩的身影消失后，基恩——那时还是一个黑人小孩，才怯生生地走到老人的货车旁，用略带恳求的语气问道："您能卖给我一个气球吗？"

"当然可以，"老人慈祥地打量了他一下，温和地说，"你想要什么颜色的？"他鼓起勇气说："我要一个黑色的。"

脸上写满沧桑的老人惊诧地看了看这个黑人小孩，随后递给了他一个黑色的气球。他开心地接过气球，小手一松，气球在微风中冉冉升起。

老人一边看着上升的气球，一边用手轻轻地拍了拍基恩的后脑勺，说：

69

"记住，气球能不能升起，不是因为它的颜色、形状，而是气球内充满了氢气；一个人的成败，不是因为种族、出身，关键是你拥有一颗怎样的心。"

人生法则

完美人格里有一种独特味道，那就是：独立、自信、富有生活的信心和帮助别人。青少年在成人之前应该塑造自我品性，使自己的人格趋向完美。

千万不要失信于人

"敦厚之人，始可托大事"，一个不够诚实、不讲信誉的人是不会拥有真正的朋友的。这样的人在社交中也必定受人鄙视。

所以，失信于人其实是一件很愚蠢的事，你必须时刻提醒自己，一定要爱惜自己的信誉。

琼斯是《米拉波尼》杂志的出版人，他是个十分聪明的人，曾用一种很好的技巧树立了他的声誉。

琼斯在开始他的建树计划时，首先向一家银行借了50元他并不急需用的钱。他说："我之所以借钱，是为了树立我的声誉。其实我根本就没有动过这笔借款，当借期一到，我便立即将这50元钱还给了银行。几次以后，我便得到了这家银行的信任，借给我的数目也渐渐大了起来。最后一次借款的数额是2000美元。这次我用它去发展我的业务。"

琼斯还说："后来，我计划出版一份商业方面的报纸，但办报需要一定的经济基础，我估计了一下，起码需要15万美元，而我手头上总共才不过5千美元。于是，我再次到那家银行，也再次去找每次借我钱的那个职员。当我将计划原原本本地告诉他以后，他愿意借给我1万美元。不过，他要我与银行的经理洽谈一下。最后，这位经理同意如数借给我1万美元，还说：'我虽然对琼斯先生不太熟悉，不过我注意到多少年以来琼斯先生一直向我们借款，并且每次都按时还清。'"在这里，琼斯是使用心计获得别人信赖的。

获得众人的信任，铸就自己的信誉，不论你采取何种方法，但笃诚、守信及勤劳是最根本的要诀。

如果说实现对自己许下的诺言是负责任的表现的话，那么同样的，别人遵守诺言也是诚实、负责的表现。

承诺的力量是强大的。遵守并实现你的承诺会使你在困难的时候得到真正的帮助，会使你在孤独的时候得到友情的温暖，因为你信守诺言，你的诚实可靠的形象推销了你自己，你便会在生意上、婚姻上、家庭上获得成功。

这并不是空话，有许多事实可以证明这一点。国外内知名度很高的企业无不把信誉推到第一位，受人尊敬的人无不是守信用的楷模。

相反地，有些人随随便便地向别人开"空头支票"，临到头来又不兑现，相信他们无论在哪一方面都不会成功的。

你也许曾看过这样一个小品，说的是一位先生本来在火车站没有熟人，硬是对别人说在火车票售罄后依然能买到火车票，结果有很多朋友、同事请他帮助买火车票。他是有求必应，答应了别人，而自己确实没熟人，只好半夜三更去排队买票，结果托他买票的人越来越多，把自己逼上了死胡同，有时自己往里贴钱买高价票，搞得自己狼狈不堪。这就是没有考虑自己的能力，而轻易地答应帮忙，票买来了，大家认为你真了不起，买不来，别人就会认为，你既能给别人买来了，为什么不给他买，是看不起他吧！于是关系渐渐疏远了，反而失去了信誉，又得罪了人，何苦呢？

在感到自己做不到时，你最好不要轻率地向别人许诺，这样会有许多好处：别人只能表示遗憾，并不会认为你说话不算数，因而不会产生对你的不信任感；在很多情况下，事情和形势已经变化了，你做不到但并没有许诺，事后你也不会受窘。

其次，在你已经许诺了以后，你就应该认真地对待，努力地去实现它。

一个小小的承诺，比如"我今晚九点钟回家"。在你完全可以做到的情况下决不要掉以轻心。你已许诺九点钟回家，这时你的同事邀你出去玩，时间可能要拖到十点，你该怎样做呢？你应该婉言谢绝朋友的好意相邀，按时回家。

永不弯曲的脊梁

71

虽然这是一件小事，但它足以让你诚实的形象光芒闪烁。

最后，如果你做不到你曾许诺过的就应该及时地通知对方，你充足的理由和真诚的歉意会使别人原谅你，同时也可避免不必要的损失。

如果失信于人，说话不算数，许诺不兑现，那就意味着你丢失了人之为人的起码品质，意味着在别人眼中你失掉了为人的信誉。这个损失有多么惨重，你当然会掂量得清清楚楚。

除轻诺寡信之外，好耍小聪明、玩弄手腕者也大多失信于人。这样的人也许可以一时欺骗蒙哄某些年幼无经验者，可以得益于一时，赚到一笔，捞到一把。可是第二次或第三次，一旦被识破，别人就不会再相信他们了。他们必将得不偿失。从根本上看、从总体价值上看，他们骗到的是一粒芝麻，丢失的是一个大西瓜。

有个人请一帮朋友喝酒，喝到一半时才发现钱不够了，于是他让店家煮了一碗面，说是要送给老母亲吃，端起碗走了。走到一条街上，看见一个老太太坐在小铺子里，脚踏一只大铜壶，就走上去说："某家做寿，让我给您老送一碗面，某家客人多，还请您把面倒进自家碗里。"老太太一听，连忙高兴地端碗走进厨房。这个人趁机偷走了大铜壶，把铜壶贱卖了以后，又回家拿了自家的碗，跑去店里继续和朋友吃喝。试想这个人骗了别人一次，别人还会再上第二次当吗？

人生法则

失信于人，不仅显示其人格卑贱、品行不端，而且是一种顾眼前不顾将来、顾短暂不顾长远的愚蠢行为，终将一事无成。

发掘人性宝藏

来自维琴妮亚洲西点军校的达尔·培利先生，曾在 1944 年随船实习，并且得到了一个教训。培利当时是船上的实习生，属最低的阶层，每个人都可对他发号施令。假如船上有任何人对他做不利的报告，他就马上会被送到军队去。

培利先生回忆道："船长一向瞧不起实习生，并且对任何与海军学校有关的人或物，都憎恨不已。这种成见使我当时的受训生涯实在过得十分痛苦。

在度过四星期悲惨的遭遇之后，我觉得必须采取某些行动了。

由于校方规定每天必须有 6 小时的自习时间，我却没时间去做，因此功课落后许多。我决定亲自向船长说明困境，希望尽速改善状况。当晚，我拿了一本书走到船长的舱房门口，怯怯地敲了敲门。

'是什么人？'里面传来他严厉的吼声。

'我是培利，船长……'

'你想干什么？'他又大吼一声。

'我……想请你帮忙解决一个功课上的问题，因为……我知道您在这方面很有经验，一定可以教教我。'

'进来，让我看看。'船长的声音仍旧很大，但已不那么严厉了。

在我要离开船舱的时候，船长已为我安排好每天 4 小时的自修时间；另两小时在甲板上工作，还有 4 小时的守卫轮值。那时，船长已变得十分善解人意，可说是不可思议的大好人了。"

其实，只要我们细心观察，都可遇见许多善良、慷慨、充满温情的好人。

1955 年夏天，康涅狄格州发生前所未有的大水灾，损失不计其数。若不是有许多好心人士伸出援助之手，那些受难者又如何继续生存下去呢？每次，我们都可从许多死亡或灾难事件当中，领悟到人性的可贵与可爱。

有个人最近牵涉到一桩政治案件，致使许多好友都有意疏远他。不多久，他又在一次车祸中受重伤，被送到纽约的一家医院里。到了平安夜，这位朋友原以为自己会度过一个最凄凉的夜晚，没想到却有两位朋友前来看他。他们站在病床旁边，手里提着一只很大的圣诞袜，里面塞满各式各样的礼物，都用五光十色的纸张包扎得漂漂亮亮。

谁都可以想象那位朋友是多么感动。

住在加州葛伦岱尔市的威勒·克洛斯礼医师，也有一个十分有趣又意义深远的故事。事情发生在他上医学院三年级的时候。那是个星期六的早

上，学校的校长打算发表一个十分重要的医学演讲。

年轻的克洛斯礼不想听那乏味透顶的长篇大论，只想逃课和一位漂亮的金发护士到郊外野餐。正当克洛斯礼准备朗诵一首诗歌给护士听的时候，忽听得笃笃的脚步声，由远而近地传过来。克洛斯礼医师很生动地把当时的情景描述出来：

"我一抬头，看见院长就站在我面前。他正和女儿到乡间采集药草。我纹丝不动，也没有说什么话，只是吓得愣住了。院长蹙着眉头看看我，然后一语不发地走开。我整个人似乎垮掉了一般，已经没有兴致再继续为护士朗诵诗歌了。我只担心自己会不会被学校开除。

我回到学校的兄弟会里，把当天的经过告诉那些兄弟们。大家都认为事态严重，大概不会有什么好下场。一位兄弟还拍拍我的肩膀说道：'也许，你命中注定不能当医师。'其他人则纷纷打听我是不是要把书本卖掉，价钱多少等等。那个周末，我真是度日如年，痛苦极了。

到了星期一早上，我决定去找院长谈谈。我向他说：'院长，我是为上星期六的事来向您道歉，希望您原谅我的无礼。我没有起立，没有向您打招呼，我那时脑子里一片空白。'院长听了似乎觉得有趣，便说：'威勒，我在年轻时也做过这种事，没什么了不起的，不用放在心上，但，最重要的是，你那天和女孩玩得高兴吗?'至此，我整个人才完全放松下来。我知道院长也是人，了解年轻人怎么生活、怎么工作和游玩。也许，这就是他能担任院长的缘故吧!"

不错，那正是院长之所以为院长的缘故，而且，那也正是许许多多的人，会用成熟的态度去找到幸福和成功的理由。

在人生的道路上，这便是白昼和夜晚的分别。

住在新泽西葛兰佛市的阿伯特先生，曾经很坦率地描述他如何懂得了从新的角度去欣赏人。那时，他在圣地亚哥的一艘驱逐舰上担任工程师。我们让他亲自来回忆这段感人的事："我原本是个会计师。进入海军之后，上级却选我专门负责管理锅炉室、引擎室以及船上所有的机器与装备。"阿伯特先生回忆道。

接到指令时，我真是吓得手足无措。我这一辈子还没有在引擎室待过几次，更别说什么锅炉和那些奇奇怪怪的机器了。在等候出发的那一个月里，我实在是茶饭不思，忧心忡忡。等上了船之后，情况更是严重，前几个星期几乎时时提心吊胆，唯恐出了差错。幸好日子一天天过去，我们都把船上的器械维护得很好。一切显示我是过于忧虑了。

我们平平安安地度过了第一个月，结果得到为期三天的周末特别假。我把工作人员叫到船舱来，向他们宣布好消息，并向他们说明，由于这个月大家表现良好，因此能得到特别的假期。我感谢大家的合作，希望大家继续努力，担负起自己的责任，使工程部门成为船上最优秀的一个部门。

我讲这些话的时候，其实并没有真正认为所有工作人员有什么了不起，或心里真的很感谢他们——我只不过认为当时的情况应该这么说罢了。但几天之后，我讲的话却变成事实——这些工作人员的确担负起自己的责任，的确努力工作——却是在我没有看到的情况下所做的表现。

我一直认为自己是工程部门的负责人，肩上负有全部的重担。

但在真正发生危机的时候，却不能这么想了。在驱逐舰碰到危机时，每个部门都不再是单独的个体，必须同心协力面对困难，才有办法渡过难关。我也是在那时才真正认识到，原来有那么多好心人愿意帮助我们，正好像我们也随时愿意去帮助他们一样。"

是的，这世界的确到处充满了温情，到处有随时伸出援助之手的好人。当然，这世间也免不了会有恶棍、流氓、骗子和游手好闲的人，我们很难终此一生不碰到这一类的人。但是，我们不能一竿子打翻一船人，不能因为偶尔碰到一个烂苹果，但认为所有的苹果都吃不得。对人的态度也该如此。

有时，是我们自己的态度和行为，导致了别人产生某些特性或行为，而我们反倒要愤世嫉俗地高喊："人性实在太恶劣了！"

好几年前，我在纽约开始学做生意。由于缺乏经验，结果损失惨重。经此打击之后，我为此沉思了很长一段时间，以平息自己的怨怒。

那时我总是认为，平常有关商场邪恶面的种种传闻果然不假——我是被恶徒欺骗了！

但是，又过了一段时间，我渐渐认识到事实并不是这样。其实，自己才是该为整个事件负责的人。因为，若是自己稍微具有一点基本知识的话，

永不弯曲的脊梁

75

别人便不会那么对付自己了。因此，是自己的愚昧无知，导致别人认为有隙可乘。实在不能责怪别人，只能责怪自己。

只是，我们通常宁可相信自己是别人阴谋的受害者，而不愿意承认是自己的错误导致了不幸。世界上，有句话最难启齿，就是"我真是个傻瓜"。但是，假如我们真想脱离孩童的稚气的行为走向成熟，我们就得经常认真地说出这句话。

人生法则

> 许多人都会头头是道地告诉你，什么是人的"不对"之处，如自私、愚昧、贪心或以自我为中心等。但要体会出别人的善良之处，则需要成熟的眼光。只有能洞察人性优点的人，才会发现这个巨大的宝藏，才知道该如何使人充分地发挥出能力来。

不要做名利的奴隶

俗话说："人过留名，雁过留声。"谁也不想默默无闻地活一辈子，人各有志。但是，在求取功名利禄的过程中，有的人往往会被名利遮住眼，贪念由此而起，从而做出使自己悔恨终生的事。

唐朝诗人宋之问，有一个外甥叫刘希夷，很有才华，是一位年轻有为的诗人。一日，希夷写了一首诗《代白头吟》，到宋之问家中请舅舅指点。当希夷诵到"古人无复洛阳东，今人还对落花风。年年岁岁花相似，岁岁年年人不同"时，宋情不自禁地连连称好，忙问此诗可曾给他人看过，希夷告诉他刚刚写完，还不曾与人看。

宋之问遂道："你这诗中'年年岁岁花相似，岁岁年年人不同'两句，着实令人喜爱，若他人不曾看过，让与我吧。"

希夷言道："此两句乃我诗中之眼，若去之，全诗无味，万万不可。"

晚上，宋之问睡不着觉，翻来覆去只是念这两句诗。心中暗想，此诗一面世，便是千古绝唱，名扬天下，一定要想法据为己有，于是起了歹意，命手下人将希夷活活害死。后来，宋之问获罪，先被流放到钦州，又被皇上勒令自杀。天下文人闻之无不称快！刘禹锡说："宋之问该死，这是天之报应。"

自古以来胸怀大志者多把求名、求官、求利当作终生奋斗的三大目标。三者能得其一，对一般人来说已经终生无憾；若能尽遂人愿，更是幸运之至。然而，从辩证法的角度看，有取必有舍，有进必有退，任何获取都需要付出代价。问题在于付出的值得不值得。为了公众事业，民族和国家的利益，为了家庭和睦，人格完善，付出多少都值得。否则，付出越多越可悲。

客观地说，追求名利并非坏事。一个人有名誉感就有了进取的动力：有名誉感的人同时也有羞耻感，不想玷污自己的名声。但是，古今中外，为求虚名不择手段，最终身败名裂的例子很多，确实发人深省。

有的人已小有名气，还想名声大振，于是邪念膨胀，连原有的名气也遭人怀疑，更是可悲。

在中世纪的意大利，有一个叫塔尔达利亚的数学家，在国内的数学擂台赛上享有"不可战胜者"的盛誉，他经过自己的苦心钻研，找到了三次方程式的新解法。这时，有个叫卡尔丹诺的人找到了他，声称自己有千万项发明，只有三次方程式对他是不解之谜，并为此而痛苦不堪。善良的塔尔达利亚被哄骗了，把自己的新发现毫无保留地告诉了他。

谁知，几天后，卡尔丹诺以自己的名义发表了一篇论文，阐述了三次方程式的新解法，将塔尔达利亚的成果攫为己有。他的做法在相当一个时期里欺瞒住了人们，但真相终究还是大白于天下了。现在，卡尔丹诺的名字在数学史上已经成了科学骗子的代名词，真是"偷鸡不成反蚀把米"。

宋之问、卡尔丹诺等也并非无能之辈，他们在各自的领域里都是很有建树的人。就宋之问来说，即使不夺刘希夷之诗，也已然名扬天下。糟的是，人心不足，欲无止境！俗话说，钱迷心窍，岂不知名也能迷住心窍。一旦被迷，就会使原来还有一些才华的"聪明人"变得糊里糊涂，使原来还很清高的文化人变得既不"清"也不"高"，做起连老百姓都不齿的肮脏事情，以致弄巧成拙，美名变成恶名。

求名并无过错，关键是不要死死盯住不放，盯花了眼。那样，就一定

会走上沽名钓誉、欺世盗名之路。

有时，既未沽，也未钓，更未盗，美名便戴到了自己的头顶，这又当如何面对呢？

第二次世界大战期间，美军与日军在依洛吉岛展开了激战，最后以日军的失败结束了战斗，美军把胜利的旗帜插在了岛上的主峰，心情激动的陆战队员们，在欢呼声中把那面胜利的旗帜撕成碎片分给大家，以作终生的纪念。

这是一个十分有意义的场面，随后赶来的记者打算把它拍照下来，就找来6名战士重新演出这一幕。其中有一个战士叫海斯，是一个在战斗中表现极为普通的人，可是由于这张照片的作用，使他成了英雄，在国内得到一个又一个的荣誉，他的形象也开始印在邮票、香皂等上面，家乡也为他塑了雕像。这时他的内心是极为矛盾的：一方面陶醉在赞扬中，一方面又怕真相被揭露；同时，由于自己名不副实，又总是处在一种内疚、自愧之中。

在这样的心理状态下，他每天只好用酒来麻醉自己。终于，在一天夜里，他穿好军装，悄悄地离开了对他充满赞歌的人世。

苏东坡先生说得好："苟非吾之所有，虽一毫而莫取。"美名美则美矣！只是对于那些还有一点正义感，有一点良知的人，面对不该属于他的美名，受之可以，坦然却未必办得到！得到的是美名，却同时也是一座沉重的大山，早晚会被压垮，压得喘不上气来。

 人生法则

过度的贪婪，即使拥有了财富，也只能是"穷得就剩下钱了"。

适合自己的才是最好的

最成功的人，都是能够迅速而果断做出决定的人，他们总是先确定并固定自己的主要目标，然后集中自己的主要精力为这个目标而努力工作，从而最终获得了成功。

选择的重要性

选择无处不在：选衣服、选朋友、选工作、选时机、选环境……人人在选择，人人被选择。选择，是为了"两害相权取其轻，两利相权取其重"，选择的过程是一个痛苦而快乐的过程，忍痛割爱将得到更多的快乐。

选择意味着放弃那些不合理的方案，同时，选择还意味着必须接受这一选择所带来的一切结果，这就是我们平常所说的"为自己的选择负责"。成功的机遇来到你面前，最终能不能为你效力，能不能替你创造财富，这还要看你的选择能力。

选择是需要付出代价的，有时候差之毫厘，失之千里，一失足成千古恨。一个人如果有时间坐下来回顾自己走过的路时，多多少少总会有一些对当初选择的后悔。有人说："人生的悲剧说穿了就是选择的悲剧。随便选择将失去更好的选择。"我们姑且不论前半句话是否事实，但就成功而言，后半句话则值得重视。

小汪是北方一所名牌大学的高才生，学的是计算机专业。毕业时，一家国内知名企业执意要挽留他，另外也有几家外资企业要接收他，但他认

为，凭着他的文凭和学识，完全有能力在高一级的企业或机关任职，于是他断然拒绝了这些企业的聘请。经过一番异常激烈的竞争，小汪终于在一家中央直属机关上班。在机关里，上司把他安排在大量数据的统计整理之中，这与他学的专业相距十万八千里。小汪最初的热情在消退，变得心灰意冷起来，工作不断出现失误，而且由于出差时私自旅游而耽误了工作，受到主管领导的严厉批评。几年过去了，小汪原来的专业知识不但没有派上多大用场，反而慢慢忘得一干二净了。有些时候，小汪也想过要调动工作，但专业知识已经忘得难以补救回来了。

又过了几年，他因为工作没有多大起色而被单位炒了鱿鱼。这时他才深切体会到"一着不慎，满盘皆输"的道理。

就每个选择职业的人来说，充分认识自我是最关键的一着棋。如果小汪能够充分认识自己，不拒绝当年国企或外企的聘请，用己之长，避己之短，那么，他的命运便会截然不同，或许此时正迈步在人生事业的巅峰上。

前苏联心理学家索尔格纳夫认为，在发挥自己的最佳才能时，不要把"想做的"和"能做的"以及"能做得最好的"混同起来。

而这，又常常是人们最容易犯的错误。

高才生小汪选择的职业，只是他最初想做的，而且在他看来，他也是"能做"的。数据统计和整理对于一个计算机专业的高才生来说，当然算不上什么。而关键的问题就在于，他选择的并不是自己"能够做得最好的"，这就是悲剧的根源所在。

索尔格纳夫还说，每一个人不要做他想做的或者应该做的，而要做他可能做得最好的。拿不到元帅杖，就拿枪；没有枪，就拿铁铲。如果拿铁铲拿出的名堂比拿元帅杖而总是打败仗要强千百倍，那么拿铁铲又何妨？索尔格纳夫这个比喻，生动地说明了选择的重要性。

一个人在无法选择工作岗位的时候，至少他永远有一样可以选择，那就是好好干还是得过且过。而这样的选择，往往在根本上决定了将来的被选择。

想成就大事的人不能把精力同时集中于几件事上，只能选择其一。也就是说，我们不能因为从事分外工作而分散了我们的精力。

成功，要求我们一次只选择做一件事，而不要同时做两件事或三件事。手里做着一件事，心里又想着另外一件事，这是矛盾的，也是行不通的。你如果想着别的事情，就不能尽心做你所选择的事。

记者瑞瑟采访爱迪生时问道："成功的第一要素是什么？"爱迪生回答说："能够将你身体与心智的能量锲而不舍地运用在同一个问题上而不会厌倦的能力……你整天都在做事，不是吗？每个人都是。

假如你早上7点起床，晚上11点睡觉，你做事就做了整整16个小时。对大多数人而言，他们肯定是一直在做一些事，唯一的问题是，他们做很多很多的事，而我只做一件。假如你们将这些时间运用在一个方向、一个目的上，那么就会成功。"

我们在成功的途中遇到的问题之一，就是选定某一件事，然后一直做到该撒手的时候为止。任何事情只要值得去做，我们就应该全力以赴地去做。

拉马科是一位著名的生物学家。小时候，拉马科的父亲希望他长大后当个牧师，就送他到神学院读书。后来由于德法战争爆发，拉马科当了兵。他因病退伍后，想当个金融家，后来在银行里找到了工作。

过了不久，拉马科爱上了音乐，整天拉小提琴。这时，他的哥哥劝他当医生，拉马科学医4年，可是对医学没有多大的兴趣。

一天，24岁的拉马科在植物园散步时遇上了著名的思想家、文学家卢梭。

卢梭一眼就喜欢上了拉马科，常带他到自己的研究室里去。在那里，这位目标犹豫不定的青年深深地被科学迷住了。

从此，拉马科花了整整11年的时间系统地研究了植物学，写出了名著《法国植物志》。35岁时，他当上了法国植物标本馆的管理员，之后的15年，他依然研究植物学。

拉马科50岁的时候，开始研究动物学。从这一天开始，拉马科用了35年时间来研究动物学，直到他去世。这样算起来拉马科从24岁起，用26年时间研究植物学，35年时间研究动物学，他因此成了一位著名的生物学家。

拉马科的成功表明，在人生过程中，既要勇敢地去追求，又要勇敢地

放弃，及早定向，集中精力，沿着既定目标，义无反顾地前进。不要让你的思维转到别的事情、别的需要或别的想法上去，有所得必有所失，有所失才能有所得。"追逐两兔而不得其一"，生活的辩证法本来就是这样。

人生法则

> 最成功的人，都是能够迅速而果断做出决定的人，他们总是先确定并固定自己的主要目标，然后集中自己的主要精力为这个目标而努力工作，从而最终获得了成功。

人生是一种选择

很多人的成功或失败，并不决定于他知不知道做事的方法。虽然方法很重要，但真正决定成败的恰恰是他的选择。

成功是一种选择，你选择了奋斗和坚持就是选择了成功，而不做这个选择便是选择失败，所以失败也是一种选择。

人生不过是一连串选择的过程，从你早上起来要穿哪一套衣服出门开始，你就选择；中午要去哪里吃饭，你又在选择。选择有大有小，但每日、每月所有的选择的累积影响了你人生的结果。

一个选择对了，又一个选择对了，不断地做出对的选择，到最后便产生了成功的结果；一个选择错了，又一个选择错了，不断地做出错的选择，到最后便产生了失败的结果。若想要有一个成功的人生，我们必须降低错误选择的出现概率，减少做错选择的风险。

这就必须预先明确你人生中想要的结果是什么，为这个结果而做出所有的选择。明确你人生想要的结果是什么，这本身又是一个选择。

美国小伙子杰克看中了韩国姑娘金善姬，便一直追着不放。最后，金善姬辞掉工作，跟杰克结了婚，到美国定居了。

"我放弃了那么好的工作，远离父母跟随你到美国来，这可是我为你做出的牺牲呀。"金善姬说。她以为这样说能把杰克感动。没想到杰克这么回答她："我不认为这是什么牺牲，在我看来这只是你的一种选择。"

金善姬后来才认识到，美国人在人际交往中，只会尊重你的选择，而不会承认你的牺牲。这就意味着：你做出的所有决定，都必须符合你自己的心愿，符合自己的心愿才能成为自己的选择。这样与人打交道才会拥有真正的平等，同时也才能赢得他人的尊重。杰克是一位通晓六国语言的医生，在美国很容易赚到钱，他工作一小时就有 80 美元的收入。但是金善姬却跟国内的朋友说："我必须工作，必须学会自己赚钱。如果没有经济上的独立，就不可能做出真正符合心愿的选择，也就不可能赢得他长久的尊重。"最后，金善姬做出了自己的选择。

你是否曾经埋怨过别人？但事实上你可能错怪了别人了，是你的决定使你面临今天的结果——也许你自己做决定，也许你决定由别人为你做决定。

有些人做正确的选择与决定，有些人做错误的选择与决定，但大多数人都不知道他们有权选择，或是轻易将选择权拱手让人，而且大部分的人也不喜欢别人为他们做的决定——千万不要成为这样的人。

在人生的任何时候，我们都有选择的自由：选择快乐还是选择痛苦，选择坚持还是选择放弃。

有一只猩猩，手里抓了一把豆子，高高兴兴地在路上一蹦一跳地走着。一不留神，手中的豆子滚落了一颗在地上。为了这颗掉落的豆子，猩猩马上将手中其余的豆子全部放置在路旁，趴在地上，转来转去，东寻西找，却始终不见那一颗豆子的踪影。

最后猩猩只好用手拍拍身上的灰土，回头准备取原先放置在一旁的豆子。怎知那颗掉落的豆子还没找到，原先的那一把豆子却全部被路旁的鸡鸭吃得一颗也不剩了。

有时候人们为了得到更多，而失去了不该失去的东西。想想我们现在，是否也放弃了本来拥有的一切，却偏偏去追求几乎是华而不实的东西？所以，我们都应当学会合理地放弃。

但有时候，你可能在面临选择的时候忧心忡忡，辗转难眠，内心矛盾重重，因为你哪样都想要，舍不得其中的任何一个。你是否知道，总是患

得患失的人，日久天长会造成对自己内心的干扰。他们在工作、学习和生活中，每当遇到内心冲突或矛盾的时候，往往不能把全部精力都集中在当前的任务上，结果会事倍功半或者一事无成。在选择的时候，他们总是担心丢掉了什么，比如名誉、地位、利益、权势、威信等。从心理学角度看，担心的本身可以激发人们认真仔细、小心谨慎的生活态度，比起一切无所顾忌、不考虑后果和影响的人来说，相对地讲它是有积极意义的。但是如果成为一种病态的畏惧，则会适得其反。

迈克·莱恩是一名探险队员。1976年他随英国探险队成功登上珠穆朗玛峰。就在他们下山的时候，天开始下大雪。每行一步都极其艰难，最让他们害怕的是风雪根本就没有停下来的迹象。当整个探险队陷入迷茫的时候，迈克·莱恩率先丢弃所有的随身装备，只留下不多的食品，提出轻装前行。他的这一举动几乎遭到所有队员的反对，他们认为现在到山下最快也要10天时间。这就意味着这10天里不仅不能扎营休息，还可能因缺氧而使体温下降导致冻坏肉体，那样，他们的生命都是极其危险的。

面对队友的顾忌，迈克·莱恩坚定地说："我们必须而且只能这样做，这样的雪山天气10天甚至半个月都有可能不会好转，再拖延下去路标也会被全部掩埋。丢掉重物就不允许我们再有任何幻想和杂念，只要我们坚定信心，徒手而行就可以提高行走的速度，也许这样我们还有生的希望！"结果，队友们采纳了他的建议，大家一路互相鼓励，忍受疲劳、寒冷，不分昼夜只用了8天时间就到达安全地带。恶劣的天气确实正像莱恩所预料的那样从未好转过。

后来，伦敦英国国家军事博物馆负责人找到迈克·莱恩，请求他赠送给博物馆任何一件与英国探险队当年登上珠峰有关的物品，莱恩毫不犹豫地将他那次下山时因冻坏而被截下的10个脚趾和5个右手指尖交给了他。

正是由于莱恩当年一次正确的放弃，才挽救了所有队友的生命；也由于这个选择，他的登山装备也就无一保存下来，而冻坏的指尖和脚趾却在医院截掉后留在了身边。这是博物馆收到的最奇特而又最珍贵的赠品。

放弃意味着选择，放弃的正确，才是选择的成功。

胡适考取官费留学后，他的哥哥为他出国送行时说："贤弟，家道中落，你出国要学些有用之学，帮助复兴家业，重整汀楣。你去学开矿或造铁路吧，这些学科比较容易找到工作。千万不要学与此没有用的文学、哲学之类没饭吃的东西。"当时胡适回答哥哥："好的。"开船后，胡适在船上想，自己对开矿没兴趣，对造铁路也不感兴趣，干脆采取一个折中的办法，学有用的农学吧，也许这将来对国家社会有些贡献。于是他学了一年农学。虽然每门课成绩还不错，但他对这些没兴趣，决定转系重新选课。这时他又犯难了，选课用什么做标准？听哥哥的话，看国家的需要，还是凭自己的爱好？最后他还是根据自己的兴趣选择了文学和哲学。

胡适终于成为文学和哲学大家。若当初他违心地听了哥哥的话，选择了容易找到工作的开矿和造铁路专业，也许将终生默默无闻。

胡适认为，学生选择科系时只有两个标准，一个是"我"，一个是"社会"，看看社会需要什么，国家需要什么，中国现代需要什么。但这个标准——社会上三百六十行，从诺贝尔奖得奖人到修理马桶的人社会都需要，所以社会的标准并不重要。因此，在给人生定位的时候，便要根据自己的特长来确定。

俗话说："取乎上，得其中；取乎中，得其下。"显然，我们在给自己定位时，要根据自己的能力来定，不能定得太高，也不能定得太低。把自己的位置定得太高，你可能就会感到力不从心，把自己的位置定得太低，你可能就难以获得更大的成功。

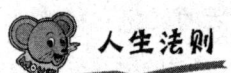

人生法则

人生中的任何结果都是自己的选择，人生由许多选择组成。你到底是要成功还是要失败？要快乐还是要悲伤？要富裕还是要贫穷？一旦做出选择，你的人生就会开始改变。

鱼和熊掌不可兼得

"锲而不舍，金石可镂。"这是古人留下的一句著名的治学格言，也是

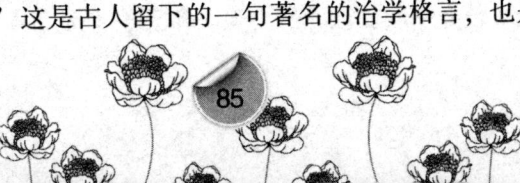

适合自己的才是最好的

为世人推崇的成才之道。

其实，苦学不辍，持之以恒，只是一个人成才的条件之一，而其他条件，譬如机遇、天赋、爱好、悟性、体质诸项也是缺一不可的。如果你研究某一学问、学习某一技术或从事某一事业确实条件太差，而经过相当的努力仍不见效，那就不妨学会"放弃"，以求另辟蹊径。学会了放弃，才拥有一份成熟。

"鱼，我所欲也；熊掌，亦我所欲，二者不可兼得，舍鱼而取熊掌者也。"当我们面临选择时，我们必须学会放弃。放弃，并不意味着失败。

一只倒霉的狐狸被猎人用套子套住了一只爪子，它毫不迟疑地咬断了那只小腿，然后逃命。放弃一只腿而保全一条生命，这是狐狸的哲学。人生亦应如此，在生活强迫我们必须付出惨痛的代价以前，主动放弃局部利益而保全整体利益是最明智的选择。智者曰："两弊相衡取其轻，两利相权取其重。"趋利避害，这也正是放弃的实质。

在欧洲，有一首流传很广的民谚："掉了一根铁钉，我们失去了一块马蹄铁；失去一块马蹄铁，倒了一匹战马；倒了一匹战马，摔下一名骑手；摔下一名名骑手，输了一场战争；输了一场战争，亡了一个国家。"

为了一根铁钉而输掉一场战争，这正是不懂得及早放弃的恶果。

生活中，有时不好的境遇会不期而至，搞得我们猝不及防，这时我们更要学会放弃，放弃焦躁性急的心理，安然地等待生活的转机。杨绛在《干校六记》中所记述的就是面对人生际遇所保持的一种适度的跳高。让自己对生活对人生有一种超然的关照，即使我们达不到这种境界，我们也要在学会放弃中，争取活得洒脱一些。

人之一生，需要我们放弃的东西很多。古人云，鱼和熊掌不可兼得。如果不是我们应该拥有的，我们就要学会放弃。几十年的人生旅途，会有山山水水、风风雨雨，有所得也必然有所失，只有我们学会了放弃，我们才拥有一份成熟，才会活得更加充实、坦然和轻松。

比如大学毕业分手的那一刻，当同窗数载的朋友紧握双手，互相轻声说"保重"的时候，每个人都止不住泪流满面……

放弃一段友谊固然会于心不忍，但是每个人毕竟都有各自的旅程，我们又怎能长相厮守呢？固守着一位朋友，只会挡住我们人生旅程的视线，让我们错过一些更为美好的人生山水。学会放弃，我们就有可能拥有更为广阔的友情天空。

放弃一段恋情也是困难的，尤其是放弃一场刻骨铭心的恋情。但是既然那段岁月已悠然遁去，既然那个背景已渐行渐远，又何必要在一个地点苦苦地守望呢？不如冷静地后退一步，学会放弃，一切又会柳暗花明。

放弃既是一种理性的表现，也不失为一种豁达美。

比如学弹钢琴，据统计，北京、上海各有 10 万琴童，全国有多少，不得而知，估计不会少于 100 万吧！要是光弹着玩玩倒也罢了，可是不，许多家庭都是认认真真地把孩子当个钢琴家来培养的。很多夫妇自认为"这一辈子就这样了"，无论如何也要让孩子成就一番事业。于是省吃俭用，给孩子置办了一架进口钢琴，立志要培养出一个中国的"肖邦"、"李斯特"。再如高考，一年一度高考风起云涌，一番拼搏，分出高下，几家欢喜几家愁。受教育资源限制，不论你如何"锲而不舍"，使尽浑身解数，录取率就决定了必然要有近一半的考生自愿或不自愿地"放弃"上大学的愿望。如果差距不大，偶尔失手，自然不妨厉兵秣马，来年再战；倘若成绩实在差距太大，再考几次也难有多大提高，那就应当机立断，学会"放弃"。有道是"成才自有千条道，何必都挤独木桥"，世界首富比尔·盖茨就没上完大学，大发明家爱迪生不过才小学毕业，照样不耽误人家成名成家，你又何必一条道走到黑呢？或许，你只退这么一步，便会海阔天空。

人生苦短，韶华难留。选准目标，就要锲而不舍，以求"金石可镂"。但若目标不适，或主客观条件不允许，与其蹉跎岁月，至老无功，就不如学会放弃，"见异思迁"。如此，才有可能柳暗花明，再展宏图。班超投笔从戎，鲁迅弃医学文，都是"改换门庭"后而大放异彩的楷模。可见，如果能审时度势，扬长避短，把握时机，放弃，既是一种理性的表现，也不失为一种豁达之举。

学会可以为一棵树而放弃森林，这是另一种珍惜。

像下围棋一样，小的利益虽然放弃了他，得到的却是更大的利益。但如果想兼得"鱼和熊掌"，恐怕连鱼也得不到了。

在滑铁卢大战中，大雨造成的泥泞道路使炮兵移动不便。拿破仑不甘心放弃最拿手的炮兵，而如果推迟时间，对方增援部队有可能先于自己的援军赶到，那样后果不堪设想。

然而，在踌躇之间，几个小时过去了，对方援军赶到。结果，战场形势迅速扭转，拿破仑遭到了惨痛的失败。拿破仑的失败足以证明：在人生紧要处，在决定前途和命运的关键时刻，我们不能犹豫不决，徘徊彷徨，而必须明于决断，敢于放弃。卓越的军事家总是在最重要的主战场上集中优势兵力，全力以赴去争取胜利，而甘愿在不重要的战场上做些让步和牺牲，坦然接受次要战场上的损失和耻辱。

同样，在人生的战场上，我们必须善于放弃，倾注自己的时间和精力于主战场上，而不必计较次要战场的得失与荣辱。在我们的学习生活中，学会放弃同样重要。当你路过篮球场或足球场，看到别人正尽兴比赛，听到那欢快的笑声时，能不动心吗？但这时，我们必须放弃一项：去燥热的教室里学习，或是在凉爽的绿茵球场上活动，斟酌损益，当放弃后者而取前者，因为我们的前途比短暂的欢乐更为重要。我们应当学会放弃，并且敢于放弃，不要为一点利益斤斤计较。

就算"鱼"与"熊掌"同等重要，在必须只取一件时，必然要放弃另一件。

不要怕选择错误，因为错误常常是正确的先导，它会教我们逐渐学会放弃。

其实，在生活中，我们必须学会放弃，学会可以为了一棵树而放弃整个森林，这也许便是另一种珍惜。未来是不可知的，而对眼前的这一切，我们还来得及把握，我们还可以在无限中珍惜这些有限的事物！

人生，也就在这种放弃与珍惜之中得到升华！

 **人生法则**

生活在五彩缤纷、充满诱惑的世界，每一个心智正常的人，都会有理想、憧憬和追求。否则，他便会胸无大志，自甘平庸，无所建树。然而，历史和现实生活告诉我们：必须学会放弃！

以宽宏大量的心胸容纳别人

一个微笑，一份信任，一点宽容的力量比大声的叫嚷更强大，它们能让那些被放逐的心重新振奋，在人们的和蔼与善意中重新审视自己，审视人心，从自暴自弃的牢笼中挣脱出来，获得新生。

后退一步天地宽

在日常生活中，当自己的利益和别人的利益发生冲突，友谊和利益不可兼得时，首先要考虑舍利取义，宁愿自己吃点亏。

一位住在山中的禅师，有一天趁夜色到林中散步。

当散步归来时，他见到自己的茅屋遭小偷光顾，找不到任何财物的小偷要离开的时候在门口遇见了禅师。

原来，禅师怕惊动小偷，一直站在门口等待，他知道小偷肯定找不到任何值钱的东西，早就把自己的外衣脱掉拿在手上。小偷遇见禅师，正感到惊愕的时候，禅师说："你走老远的山路来看我，总不能让你空手而归呀！夜凉了，你带着这件衣服走吧！"说着，就把衣服披到小偷身上，小偷不知所措，低着头溜走了。

禅师看着小偷的背影穿过明亮的月光，消失在山林之中，不禁感慨地说："可怜的人呀！但愿我能送一轮明月给他。"说完之后，就看着窗外的明月，开始了打坐。

第二天，他在阳光温暖的抚触下，从极深的禅室里睁开眼睛，看到他

89

披在小偷身上的外衣被整齐地叠好，放在门口。禅师十分高兴，喃喃地说，"我终于送了他一轮明月！"

林则徐有句名言："海纳百川，有容乃大。"与人相处，有一分退让，就受一分益；吃一分亏，就积一分福。相反，存一分骄，就多一分挫辱，占一分便宜，就招一次灾祸。

1863 年 1 月 8 日，恩格斯怀着十分悲痛的心情，把妻子病逝的消息，写信告诉了马克思。过了两天，他收到了马克思的回信。信中的开头写道："关于玛丽的噩耗使我感到意外，也极为震惊。"接着，笔锋一转，就说自己陷于怎样的困境。往后，也没有什么安慰的话。

"太不像话了！这么冷冰冰的态度，哪像 20 年的老朋友！"恩格斯看完信，越想越生气。过了几天，他给马克思去了一封信，发了一通火，最后干脆写上："那就请便吧！"

20 年的友谊产生裂痕！看了恩格斯的信，马克思的心里像压了一块大石头那样沉重。他感到自己写那封信是个大错，而现在又不是马上能解释得清楚的时候。过了 10 天，他想老朋友应该冷静一些了，就写信认了错，解释了情况，表白了自己的心情。

坦率和真诚，使友谊的裂痕弥合了，疙瘩解开了。恩格斯在接到马克思的来信后，以欢快的心情立即回了信。他在信中说："你最近的这封信已经把前一封信所留下的印象清除了，而且我感到高兴的是，我没有在失去玛丽的同时再失去自己最老的和最好的朋友。"

再看一个事例：

历史上的舜敬父爱弟，可他的弟弟象，表面看起来敬兄，内心却总想害死他。

有一次他们俩去挖井，舜正在井内时，象却突然把井口封死。象认为舜必死，就想打他两位夫人的主意，于是来到舜家里。

不料，舜大难不死，已从井的另一个出口脱身回到家里。象刚进门，见舜在弹琴，只好尴尬地说："我正惦记着你呢。"

舜只是平静地说："多谢你的美意。你真是我的好兄弟，以后你协助我一起管理臣民吧。"

舜有如此广阔的胸怀，是他成一代帝王大业的重要基础。

老子说："退己而让人，约束自己而丰厚他人，所以群众乐于被用，而所得是平时的几倍。……谦逊辞让，作为德的首位。"

一个人，对于事业上的失败，能自认错误，就能让人感德；有成就时，能让功于他人，就能让人感恩。老子说："事业成功了而不能居功。"不仅让功要这样，对待善也要让善，对待得也要让得。凡是坏处就归于自己，好处都归于他们。他人得到名，自己得他这个人；他人得到利，自己得到他这个心。二者之间，真正聪慧者自会权衡其轻重。

曾国藩说："敬以持躬，让以待。敬就要小心翼翼，事情不分大小，都不敢忽视。让，就什么事都留有余地，有功不独居，有错不推诿。念念不忘这两句话，就能长期履行大任，福诈无量。"

有人说："自谦，人们就越服从；自夸，人们就越怀疑。我恭敬就可以平人的怒气，我贪婪就可以引发人们的争端，这都是在于我的为人而已。"

现实生活中，人与人之间相处，不能没有交往。而交往就必须有个准则，使大家共同遵守，才不至于乱套，这就是对待人的道理。而对待人的道理，最高的准则，就在于儒家所提倡的"一切在于求取最完美最高尚的道德"。

能有所追求，一方面在心中有所持守，另一方面在执行时有所遵循。这就是准则，也有人称为规范。因此我们如果以宽容的心境和幽默的态度对待他人有意或无意施加的羞辱和难堪，我们往往可以从消极的情绪中解脱出来，避免事态恶性发展。

孔子周游列国时，有一次在郑国与弟子们失散了，他只好独自站在东门等候。一个郑国人对孔子的弟子子贡说："东门有个人，长得奇形怪状，累得好像丧家之犬。"子贡把这句话告诉了自己的老师，孔子坦然笑道："说我像丧家之犬？确实是这样，是这样的啊！"

作为一代宗师的孔子居然能在学生面前对这种污辱性的语言一笑了之，的确表现出万世师表的气度。

 人生法则

当你心胸开朗、神情自若的时候，对于那些蝇营狗苟、一副小家子气的人，就会觉得他的表演实在可笑。但是，人都有自尊心，有的人自尊心特别强烈和敏感，因而也特别脆弱，稍有刺激就有反应，轻则板起脸孔，重则马上还击，结果常常是争了面子却没面子。

试问，当你说我是傻瓜，我说谢谢你的赞誉，你还能说什么呢？

 吃亏是福

与其说"吃亏"是做人的一种谋略，不如说"吃亏"是做人的一种气度。世上最吃亏又最占便宜的人是处处不与人计较的人。

鲁迅笔下的阿Q自诞生那天起一直是被人们鄙视和诋毁的对象，但是他的那套生存哲学却挺值得现代人学习。他，始终能把悲哀的情绪化解开，使之变成快乐的理由，把失败的过程反过来看做是成功的结果，进而获得胜利的喜悦。这样的人生能不快乐吗？

一个犹太人走进纽约的一家银行，来到贷款部，大模大样地坐了下来。

"请问先生，我可以为你做点什么？"贷款部经理一边问，一边打量着这个西装革履满身名牌的来者。

"我想借些钱。"

"好啊，你要借多少？"

"一美元。"

"只需要一美元？"

"不错，只借一美元，不可以吗！"

"噢，当然，不过只要你有足够的担保，再多点也无妨。"经理耸了耸肩，漫不经心地说。

"好吧，这些做担保可以吗？"犹太人接着从豪华的皮包里取出一堆股票、国债等等，放在经理的写字台上。

"总共50万美元，够了吧？"

"当然，当然！不过，你真的只要借一美元吗？"经理疑惑地看着眼前的怪人。

"是的。"说着，犹太人接过了一美元。

"年息为6%，只要您付出6%的利息，一年后归还，我们就可以把这些股票退还给您。"

"谢谢。"犹太人说完准备离开银行。

一直站在旁边冷眼观看的分行行长怎么也弄不明白，拥有50万美元的人，怎么会来银行借一美元，于是他慌慌张张地追上前去，对犹太人说："啊，这位先生……"

"有什么事吗？"

"我实在弄不清楚，你拥有50万美元，为什么只借一美元呢？你不以为这样做你很吃亏吗？要是你想借30、40万元的话，我们也会很乐意……"

"请不必为我操心。在我来贵行之前，问过了几家金库，他们保险箱的租金都很昂贵。所以嘛，我就准备在贵行寄存这些东西，一年只需要花6美分，租金简直是太便宜了。"

俗话说："好汉不吃眼前亏。"在我们许多人的眼睛里，把"吃亏"看做是蠢人的行为，其实很多时候，我们的判断都是错误的，一些"亏"只不过是事情的表象而已。

日本有一家奇士达公司，其经营理念是："吃亏就是占便宜，所以情愿选择吃亏一途。"对于以利益为目标的企业来说，这种经营理念，实在是令人难以置信。

竞争对企业来说，是绝对目标，可是这家公司，却像是出来行善般地经营，不免令人怀疑：公司开得下去吗？会有利润吗？

实际上，奇士达公司却快速地成长，成为年营业额2000亿日元的绩优公司。那些好听的经营理念，成了公司的发展商机。

企业最怕赔钱，吃亏的生意是不做的，而奇士达公司将这些没人愿意做的生意承接下来，反而没了竞争对手，生意自然大好。社长铃木清一先生的苦心经营，为社会提供了物品，也为自己带来了财富。许多公司不愿亏损，而奇士达却因为做亏损的生意，反而带来了商机。

创造财富在很多人的观念里，都是要够狠、够坏，才能在竞争者中脱颖而出，继而出人头地。其实不然，能够成功靠的往往是正面的思想，也就是正面的道德观。

举一个例子来说，同样去买东西，两家商品都一样，一家的老板善良而温文，另一家老板冷漠而固执，请问你选择去哪一家买？

用劣质的商品来赚取暴利，就算短期内能生存，如若一旦被人们发现了，它还能生存下去吗？可能长久经营吗？企业的存在必须是长久的，在刚开始就以优良产品来取得消费者的信赖，不是可以赚更多钱？

 人生法则

> 人也是如此，我们不是只活一天而已，明天我们仍得挣扎做人，而明天会遇到什么事，又有谁知道？如果用轻视、劣质的态度做人，那做得长久吗？这么做不如好好待人，亲切、温和地与人相处来得长久。

宽恕是一种高贵的行为

人们在受到伤害的时候，最容易产生两种不同的反应：一种是憎恨，一种是宽恕。

憎恨的情绪，使人一再地浸泡在痛苦的深渊里。如果憎恨的情绪持续在心里发酵，可能会使生活逐渐失去秩序，行为越来越极端，最后一发不可收拾。

而宽恕就不同了。宽恕必须随被伤害的事实从"怨怒伤痛"到"我认了"这样的情绪转折，最后认识到不宽恕的坏处，从而积极地去思考如何原谅对方。

甘地是 20 世纪印度民族独立运动最有权威的领导者、印度国民大会党的主要领导人，人称"圣雄"。甘地不仅是出色的领袖，也是杰出的思想家，他的思想和主张对整个印度半岛产生了巨大而深远的影响。甘地的思想很特别，他的政治观念是建立在印度传统宗教思想基础之上的。英雄式的忍耐性，使甘地的"非暴力运动精神"注入到了印度人的灵魂之中，从而使英国殖民当局武力式的压迫在非暴力运动精神面前束手无策。

甘地是一个纯粹的精神运动领袖，无限的宽恕和无限的忍耐始终贯穿在他发动的革命运动之中。在甘地领导的工作中，找不出任何一点以权谋私的痕迹。他总是以牺牲自己的伟大精神来对待工作，并希望借此号召信徒，感化敌人。甘地的心灵永远是仁慈、虔诚的，甘地的胸怀永远是宽容、博大的，即使面对敌人也是如此。

1907 年，因为甘地所采取的非暴力抵抗运动遭到部分激进分子的抵制，同时，英国当局又用尽全部手段迫使他屈服，有一天，甘地在大街上被一群暴徒无情地攻击和毒打，这群人打到以为他断气了才离开。以后，甘地又被捕入狱，判刑后做了苦役。在那非常时期里，甘地仍然以他那无比的度量、最大的包容宽恕暂时的、永久的政敌，他继续为鞭打他的人奋斗，继续走自己既定的道路。

甘地曾经和泰戈尔在观念上产生过矛盾，两个人之间的友谊曾出现了微小的裂痕，可是甘地不想做任何文字、口头上的理论和辩解。当有人在他面前攻击泰戈尔时，甘地就想办法阻止他们说下去，并毫不客气地命令他们不要散布流言，破坏他和泰戈尔之间的交情。另外，他还发表声明，表示自己应该感谢泰戈尔。甘地就是依靠宽恕赢得了他的人民乃至敌人的信任和拥戴的。

宽恕是文明的责罚。只有在有权力责罚时而不责罚，才是宽恕；只有在有能力报复时而不报复，才是宽恕。做人应当拥有这种宽恕的德行。不具备邀请伤害自己的魔鬼吃樱桃的德行，是很难取得更大的成就的。

希望大家不要放弃，要努力做到宽恕。写过不少美妙幻想儿童故事的英国学者路易斯，小时候常受凶恶的老师侮辱，心灵深受创伤。他几乎一

以宽宏大量的心胸容纳别人

生不能宽恕这位伤害过自己的老师，且又因为自己不能宽恕而感到困扰。然而在他去世前不久，他写信告诉朋友："两三星期前，我忽然醒悟，终于宽恕了那位使我童年极不愉快的老师。多年来我一直努力想做到这一点，每次以为自己已经做到了，后来却发觉还须再度努力一试。可是这次我觉得我的确做到了。"这真是大彻大悟啊！

真的，仇恨的习惯是难以破除的。和其他许多坏习惯一样，我们通常要把它粉碎很多次，才能最后把它完全消灭。伤害愈深，心理调整所需要的时间就愈长。可是久而久之，总会慢慢地把它消灭。

斯宾诺莎说："心不是靠武力征服，而是靠爱和宽容大度征服。"

人生法则

> 如果一个人能原谅、宽容别人的冒犯，就证明他的心灵乃是超越了一切伤害的。人要心胸开阔，对事要思想开明。世界上最能长存的东西——日子，也很有限，人又何必拿这些小事当真呢？宽恕别人所不能宽恕的，是一种高贵的行为。

宽容的力量

肯特·基恩是英国牛津大学的著名心理教授。他的学术成果曾多次获得过国际大奖。2001 年 9 月，他应邀到我国一所少年管教所演讲，讲了下面一段话。

"小时候，我是一个捣蛋、不爱学习又极爱报复的孩子。无论在家里还是在学校，父母和老师、兄弟和同学都极其厌恶我，然而，在心里我渴望着大家的关爱，就像人们渴望上帝的福泽一样。我一个人独处的时候常常默默祈祷：上帝啊！给我善良、给我宽厚、给我聪明吧，我也想如卡尔列一样成为同学们的榜样。可是，上帝正患耳疾，我的祈祷没有一句应验。我依然是个令人生厌的坏孩子，甚至因为我，没有老师愿意带我们这个班。

三年级的第一个学期，学校里来了一位新老师，她就是年轻的玛利亚小姐。玛利亚小姐刚一站到讲台上，整个班里都沸腾了，她太漂亮啦！我带头吹口哨、飞吻，往空中扔书本，好多男生跟我学，我们的吵闹声几乎要把房顶掀开。

玛利亚小姐没有像其他老师那样大声叫嚷'安静！安静！'她始终面带微笑地望着我们。奇怪，这样我反而感到很无聊，于是，我打了一个手势，大家立即停止了胡闹。玛利亚小姐开始自我介绍，当她转身想把自己的名字写到黑板上时，才发现讲桌上没有粉笔，我注意到她的眉头皱了一下，很快又舒展了。心想，糟了，她肯定识破了我们的把戏。但是，玛利亚小姐却转过身来问：'谁愿意替老师去拿盒粉笔？'刚刚平静下来的沸腾又开始了，怪声怪气的笑声再次淹没了整个教室，好多男生争着去干这件事。

玛利亚小姐请大家不要争，她会挑个最合适的人选。玛利亚走下讲台，仔细查看了每一个人，最后她说：'基恩，你去吧。'我说：'为什么是我？''因为我看得出你热情、灵活又具号召力，我相信你会把这事情做得很好。'

我热情？我灵活？我具有号召力？我竟然有这么多优点？玛利亚一眼就看出了我的优点！要知道，在此之前从未有人说过我哪怕一点点的好处，甚至我自己也认为我是个被上帝抛弃的孩子。

我很快取回一盒粉笔，因为它就藏在教室后面的草丛里。当我正要把粉笔递给玛利亚小姐时，我发现我的指甲缝里存满了污垢，衬衣袖口开了线，裤腿上溅满了泥点，更糟糕的是我五个脚趾全从破了口的鞋子里露出了头。我很不好意思，可玛利亚小姐一点也不在意这些，她接粉笔的时候给了我一个天使般的微笑。玛利亚就是上帝派来的天使。

从此，我决定做一个上进、体面的人，因为我知道天使正在注视着我。"

还有一个故事：

一位老师在批改学生的作文时，一篇题为《一块手帕》的文章深深吸引了他，他便当作范文在班上进行评价。

"这篇文章是抄来的！"刚读完这篇作文，一个学生举起手大声地说。他的话音刚落，全班哗然，大家议论纷纷，目光齐刷刷地扫向那个抄袭的

以宽宏大量的心胸容纳别人

同学，她满脸绯红地低下了头。

面对这突然的变故，老师停顿了一下，转过话头问大家："同学们，这篇文章写得好不好？"

"好是好，可是……"

"我问的是这篇文章写得好不好，不管其他。"

"太好了！"

"那就请同学们谈谈这篇文章好在哪里，请发言的同学到讲台上来说。"

结果，有8位同学发言，大家高度评价了这篇文章。老师接着说："同学们，这样好的文章我以前读得不多，可能同学们读得也不多，以后多给同学们推荐一些优秀的文章，在班上宣读，你们以为如何？"

"太好了！"

"那么，对今天第一个给我们推荐优秀文章的同学大家说应该怎么办？"

"谢谢！""非常感谢！"此时，同学们对老师的用意已心领神会。

"从今天开始，每周推荐一篇优秀作文，全班同学轮流推荐。可以拿原文来读，也可以写到自己的作文本上。不过别忘记注明原作者和出处。"同学们会心地笑了，那个抄袭作文的同学也舒心地笑了。

孩子的心灵总是比较脆弱，容易受到伤害，并且受伤的心灵还不易愈合。这样的做法，不仅保全了一个孩子的"面子"，既不伤害孩子的自尊心，又能让她认识到自己的错误，而且还给全班学生上了一堂生动的宽容课。

 **人生法则**

一个微笑，一份信任，一点宽容的力量比大声地叫嚷更强大，它们能让那些被放逐的心重新振奋，在人们的和蔼与善意中重新审视自己，审视人心，从自暴自弃的牢笼中挣脱出来，获得新生。

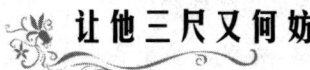

让他三尺又何妨

宽容不但是做人的美德，也是一种明智的处世原则，是人与人交往的润滑剂。常有一些所谓的厄运，只是因为对他人一时的狭隘和刻薄，而在自己的前进路上自设一块绊脚石罢了；而一些所谓的幸运，也是因为无意中对他人一时的恩惠和帮助而拓宽了自己的道路。明白这个道理，也就向方圆地做人更迈进了一步。

宽容犹如冬日正午的阳光，去融化别人心田的冰雪，把其变成潺潺细流。一个不懂得宽容别人的人，会显得愚蠢，大概也会很快地苍老；一个不懂得对自己宽容的人，会因为把生命的弦绷得太紧而伤痕累累，抑或撕裂。

我们生活在一个越来越不忽视功利的环境里，但倘若太吝惜自己的私利而不肯为别人让一步路，这样的人最终会无路可走。

倘若一味地逞强好胜而不肯接受别人的一丝见解，最终会陷入世俗的河流中而无以向前；倘若一再地求全责备而不肯宽容别人的一点瑕疵，最终宛如凌空于高处的山顶，因缺氧而窒息。

曾有人把人比喻为"会思想的芦苇"，弱小易变，因情绪的波动随时都在改变对事物的正确了解。人非圣贤，即使圣贤也有过失之时，我们何以不能宽容自己和别人的失误？

宽容并不意味对恶人横行的迁就和退让，也不是对自私自利的鼓励和纵容。谁都可能遇到情势所迫的无奈，无法避免的失误，考虑欠妥的差错。所谓宽容就是以善意去宽待有着各种缺点的人们。因其宽广而容纳了狭隘，因其宽广显得大度而感人。

在日常生活中，当自己的利益和别人利益发生冲突，友谊和利益不可兼得时，首先要考虑舍利取义，宁愿自己吃一点亏。郑板桥曾说过："吃亏是福。"这绝不是阿Q式的精神自慰，而是圆满做事、方圆做人的高度概括和总结。清朝时有两家邻居因一道墙的归属问题发生争执，欲打官司。其中一家想求助于在京当大官的亲属帮忙。张英没有出面干涉这件事，

只是给家里写了一封信，力劝家人放弃争执，信中有这样几句话："千里求书为道墙，让他三尺又何妨？万里长城今犹在，谁见当年秦始皇。"

家人听从了他的话，邻居也觉得很不好意思，两家终于握手言欢，反而由你死我活的争执变成了真心实意的谦让。

《菜根谭》中讲："路径窄处留一步，与人行；滋味浓的减三分，让人嗜。此是涉世一极乐法。"可谓深得处世的奥妙。有这样一个女人，总在喋喋不休地向人们说邻家的坏话。有一回她故意将一位朋友领到家里，指着窗外说："你看那家绳上晾的衣服多脏！"可那位朋友却悄悄地对她说："如果你看仔细点，我想你能弄明白，脏的不是人家的衣服，而是你自家的窗子。"

是啊，我们在同一蓝天下生活，为什么不学着去宽厚地待人，而是去轻易地指责呢？即使脏的真是邻家的衣服，我们为什么不能表示理解和容忍呢？要知道，这样做不会给我们造成任何损失，只会令我们在方圆做人的道路上获得更大的成绩。

努力去爱你不喜欢的人也是一种不可缺少的宽容。

李美毕业后初入社会，在某合资公司外贸部就职，不幸碰上一个爱拍马屁、什么本事都没有的主管。此人每天下班后没什么事也要跟着日本科长拼命"加班"，无事生非，把白天理好的文章弄得一团糟，转眼出了错，又把责任全部推给李美。李美不是一个会"争"的女孩子，只好忍气吞声等日本科长生出"火眼金睛"，结果等了三个月，还是等不来一句公道话。

一气之下，李美就去了另一家外资公司。在那里，她出色的工作博得了许多同事的称赞，但无论如何也没法使苛刻、暴躁的马经理满意。心灰意冷间，她又萌动了跳槽之念，于是向新加坡总裁递交了辞呈。总裁先生没有竭力挽留李美，只是告诉她自己处世多年得出的一条经验：如果你讨厌一个人，那么你就要试着去爱他。总裁说，他就曾像在鸡蛋里挑骨头一般在一位上司身上找优点，结果，他发现了老板两大优点，而老板也逐渐喜欢上了他。

李美依旧讨厌她的经理，但已悄悄地收回了辞呈。她说："现在想开了，作为一个成熟的人应该放开心胸去包容一切、爱一切。换一种思维看人生，你会发现，乐趣比烦恼多。"她可以说已经成熟了许多，真正明白了圆满做事的道理。

人际交往中，你难免会碰到不顺心的事，或被羞辱，或被误解，自尊心受到强烈的挑战。这时有两个选择，一是针锋相对，坚决还击；二是以退为进，强忍自安。而实践证明，很多时候能忍一时之辱的人才是真正的强者。

这里所说的"忍"，是指为了大局、为了长远利益而把他人强加给自己的痛苦、怨忿强咽下去，不予还击，求得息事宁人的一种社交方法。有句俗话叫"百忍可成金"，它从某种意义上道出了"忍"的意义和价值。

汉初名将韩信年轻时家境贫穷，他本人既不会溜须拍马，又不会投机取巧、买卖经商，整天只顾研读兵书，最后连一天一顿饭也难以有着落。无奈之中他只好背上家传宝剑，沿街乞讨。

有个财大气粗的屠夫看不起韩信这副寒酸迂腐的书生相，故意当众奚落他说："你虽然长得人高马大，又好佩刀带剑，但不过是个胆小鬼罢了。你要是不怕死，就一剑捅了我；要是怕死，就从我裤裆底下钻过去。"说罢双腿架开，立了个马步。众人一哄围上，且看韩信如何动作。

韩信认真地打量着屠夫，想了一想，竟然弯腰趴地，从屠夫裤裆下钻了过去。街上的人顿时哄然大笑，都说韩信是个胆小鬼。

韩信忍气吞声，闭门苦读。几年后，各地爆发反抗秦朝统治的大起义，韩信闻风而起，仗剑从军，争夺天下，威名四扬。

韩信忍胯下之辱而图盖世功业，成为千秋佳话。假如他当初争一时之气，一剑刺死羞辱他的屠夫，按法律处置，则无异于以盖世将才之命抵偿无知狂徒之命。假如他当初图一时之快，与凌辱他的屠夫斗殴拼搏，也无异于弃鸿鹄之志而与燕雀论争。韩信深明此理，宁愿忍辱负重，也不愿争一时之短长而毁弃自己长远的前程。

这样的忍耐，不是屈服，而是退让中另谋进取；不是逆来顺受、甘为人奴，而是委曲求全以便我行我素。

人生法则

人生不过短短数十年，每个人都是握着手而来，撒手而去，何必让那些怨恨和愤怒再纠缠心间，妨碍我们今天的幸福呢？当你明白了这个道理，你就可以把握方圆做人的真谛之所在了。

以宽宏大量的心胸容纳别人

让爱的传递永远不断

滴水之恩当涌泉相报。成功人士提醒我们：不知感恩可能使我们无法享受既有的事物。我们并不是时时刻刻都能感觉到我们的财富。

做人要保持一颗感恩的心

每个人从小到大，父母养育我们，师长教育我们，社会供应我们，我们每天都在接受。我们要如何回馈我们的父母、师长、社会大众呢？首先要懂得感恩，有了感恩的心，就会奋发图强，追求成功，所以感恩心很重要。

在一个"与成功者对话"的论坛上，一位听众请教台上的企业家："您觉得一个人成功的秘诀在什么地方？"企业家没有讲一番大道理，而是告诉在座的各位："保持一颗感恩的心。只要你对人对事对物保持一颗感恩的心，你一定会成功。"这话赢得了阵阵掌声。

我们知道很多经典的书籍，它们都告诉我们要有一颗感恩的心，可是很少有人一语道破成功的秘诀就是要有一颗感恩的心。我们都要有一颗感恩的心，感谢别人的帮助。

一只松鼠在河边喝水，不小心滑到河里，在河边挣扎、大声呼救。这时正好猴子到河边喝水，看见松鼠在挣扎求生，于是捡起一枝树枝，丢给松鼠，松鼠就这样得救了。

有一天，猴子站在树枝上休息，被一个猎人发现了，猎人用猎枪瞄准猴子。看到这种情形，松鼠飞快地扑到猎人身上，在他的身上狠狠地咬了一口，猎人疼得惨叫一声，子弹打到天上去了。

猴子看到松鼠不顾自己的安危，适时搭救，非常感激，就对松鼠道谢。

松鼠说："要不是您在河边救了我，我早就被河水淹死了，我这辈子不知道怎么谢您呢！"

又有一天，猴子在菜园里觅食，不小心被主人做的陷阱扣住了，它大声呼救。

松鼠听见了，就把所有的同伴都叫来，大家齐心合力把它救出来。

猴子再度向松鼠道谢，说："您救了我的命，我这辈子不知道怎么谢您呢？"

后来，猴子到处宣扬松鼠的好心，它说："松鼠的身体虽小，但它的感恩心却是身体的千百万倍！"

不知感恩，使我们无法得到更多我们想要的东西。你比较喜欢把东西给哪种人——不肯承认你给了他东西的人，还是表达了由衷感谢之心的人？不知感恩妨碍我们成功，越不知感恩，妨碍越大。

我们每个人都应该明白，生命的整体是相互依存的，东西都依赖着其他每一样东西。无论是父母的养育，师长的教诲，他人的服务，大自然的慷慨赐予……人自从有了自己的生命起，便沉浸在恩惠的海洋里。一个人真正明白了这个道理，就会感激大自然的福佑，感激父母的养育，感激社会的安定，感激食之香甜，感激衣之温暖，感激花草鱼虫，感激苦难逆境。

 **人生法则**

滴水之恩当涌泉相报。成功人士提醒我们：不知感恩可能使我们无法享受既有的事物。我们并不是时时刻刻都能感觉到我们的财富。

生命的意义在于爱人

我们做人到底拥有多少成功和快乐，这要取决于我们到底付出了多少

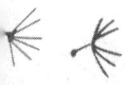

YISHENG ZHONG ZHONGYAO DE 66GE FAZE

爱，又有多少东西在爱着我们。

做人最博大的自由是爱，做人最富有的财产也是爱。爱的成就无限宽广，因为它能到达一切才智难以到达的心灵彼岸。

美国几所医院做了些实验，把新生婴儿分成两组。第一组每天都抱起来抚摸3次，每次10分钟；第二组完全不抚摸。结果，第一组体重增加的速度是第二组的2倍。这种治疗法有一个很长的医学专有名词，但是我们只需要一个字就可以涵盖它，那就是"爱"。如果没有爱，婴儿长得不健康；没有爱，大人也一样痛苦。

人需要爱，世界需要爱。爱使世界相互联结，使世界成为人的世界。地球本是人居于其中的一个大家庭，人字的一撇一捺本就意味着人与人的相互支撑——无爱不成人的世界。人要爱人，世界应该充满爱。有爱，人的世界才会充满盎然生机；有人爱，能爱人，我们才能品尝到生之欢乐，才能有不竭的生之热情——无爱的世界只是一片冷寂的荒漠。

美国一位大学教授和他的学生来到黑人贫民窟搞调查研究，其中有一个课题是预测该地区的250名黑人孩子将来的前途。学生们认真地做着报告，几天后，这份报告的结果出来了，但它令教授忧心忡忡。学生们在报告中预测，这250名黑人孩子将来无所作为，只能成为社会的负担。

30年后，教授去世了，他的一位同事从他的档案中发现了当年的那份报告。这位同事在好奇心的驱使下，来到了当年的黑人贫民窟。他看到，事实并没有报告的结论那么令人沮丧，相反，这里发生的一切让这位同事佩服得五体投地。原来调查的250名黑人孩子中，除了18人离开故土，无最新消息外，其余的232人都成就斐然，他们当中有的人成了银行家，有的人成了大律师，有的人成了企业家，有的人成了著名影星。

教授的同事逐个采访了这232人，追问他们何以能成功？这些人说得最多的是："应该感谢我们的小学教师。"于是，同事费尽周折又找到了那位小学教师，此时，她已是白发苍苍的老人，说话不太清楚，可是有一句话同事能听懂："I love these children。"（我爱这些孩子）

　　爱人者，人恒爱之；敬人者，人恒敬之。爱是一种活动的情感，不是静止的物体。爱是我们生活中一种很特殊的经验，要想拥有它，最佳办法是把它施舍给别人。诚如法国哲学家居友所说："我们每个人都有很多的同情、很多的爱心，比维持我们生存所需要的多得多，我们应该把它施舍给别人，这就是生命开花。"

仁爱宽容易获机遇

　　《圣经》上说，有个人招待了一群客人，等客人离去，才发现他们原来是上帝派来的使者。从此做父母的就教导孩子们说，碰到衣衫破烂或长相丑陋的人，切不可怠慢，而要帮助他，因为他可能是天上的仙人。

　　一个阴雨密布的午后，大雨突然间倾泻而下，行人纷纷逃进就近的店铺躲雨。这时，一位浑身湿淋淋的老妇，步履蹒跚地走进费城百货商店。看着她狼狈的姿容和简朴的衣裙，所有的售货员都对她不理不睬。

　　只有一个年轻人热情地对她说："夫人，我能为您做点什么吗？"老妇人莞尔一笑："不用了，我在这儿躲会儿雨，马上就走。"但是，她的脸上明显露出不安的神色，因为雨水不断地从她的脚边淌到门口的地毯上。

　　正当她无所适从时，那个小伙子又走过来说："夫人，您一定有点累，我给您搬了一把椅子放在门口，您坐着休息就是了。"两个小时后，雨过天晴，老妇人向那个年轻人道了谢，并随意地向他要了张名片，就颤巍巍地走了出去。

　　几个月后，费城百货公司的总经理詹姆斯收到一封信，写信人指名要求这位年轻人前往苏格兰收取装潢一整座城堡的订单，并让他负责自己家族所属的几个大公司下一季度办公用品的采购任务。詹姆斯震惊不已，匆匆一算，只这一封信带来的利益，就相当于他们公司两年的利润总和。

　　当他以最快的速度与写信人取得联系后，才知道这封信是一位老妇所

写，就是几个月前曾在自己商店躲雨的那位老太太，而她正是美国亿万富翁"钢铁大王"卡耐基的母亲。

詹姆斯马上把这位叫菲利的年轻人推荐到公司董事会。毫无疑问，当菲利收拾好行李准备去苏格兰时，他已经是这家百货公司的合伙人了。那年，菲利22岁。

不久，菲利应邀加盟到卡耐基的麾下。随后的几年中，菲利以他一贯的踏实和诚恳，成为"钢铁大王"卡耐基的左膀右臂，在事业上扶摇直上、飞黄腾达，成为美国钢铁行业仅次于卡耐基的灵魂人物。

去弄清楚这个故事的真假已没有任何意义，但它表述的道理却千真万确：要想获得，就必须先给予。而最难得的，是那种不求回报的给予，因为它以爱和宽容为基础。

一个来自泸沽湖畔的摩梭乡下女孩，后来被世人喻为中国的"夜莺"的杨二车娜姆，也有过一段类似的经历。

娜姆初到美国留学时，生活拮据。她白天学习音乐和英语，晚上就在一个小餐厅里当服务员。一天，有个面容憔悴、神情凄苦的老人，为躲避外面的狂风走进餐厅。所有人都漠视他，甚至有人因为他的寒酸要赶他出门，只有娜姆动了恻隐之心，她知道有很多美国老人晚年都很孤独，于是，她就搬了一把软椅让老人休息，并自掏腰包为他要了饮料。为了让老人开心，还专门为他点唱了中国的民歌，并热情邀请他参加中国留学生的聚会。渐渐地，老人笑逐颜开了。

两个月后，这位老人交给娜姆一封信和一串钥匙，信里装着一张巨额支票，娜姆惊愕万分。信的内容是："娜姆，我年轻的时候收养了3个越南孤儿，为此一直没有结婚。可当我含辛茹苦地教育他们长大成人自立后，他们却抛弃了我这个养父。我退休前在一家公司当工程师，有着丰厚的收入，但钱对我这个历经沧桑、将要入土的老人毫无意义，我需要的是亲人的温暖和友谊。娜姆，只有你给过我这种金钱难买的情谊。现在，我已回到乡下落叶归根，我把这一生的积蓄和房子都留给你，用这些钱来实现你源于泸沽湖畔的音乐梦吧。"从此，老人杳如黄鹤。

娜姆心潮澎湃，感慨万千，为了告慰老人，她用这笔钱做了一张风靡

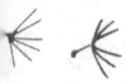

全球的中国民族音乐专辑，并开始致力于中外文化交流。

从此，娜姆甜美的歌声响彻了全世界。

人生法则

> 与别人为善，就是与自己为善，与别人过不去，就是与自己过不去。

仁慈的报酬

善良是一定有回报的。一滴水的回报是一片绿草茵茵，一捧泥土的回报是一朵花或一枚甜美的果实。

一个周末的晚上，松树堡的寡妇正和她5个年幼的儿女围坐在火堆旁。虽然和孩子们说笑着，但她心里却愁云密布。在这个广大却寒冷的世界里，她没有一个朋友，没有任何人可以依靠。这一年来，她一个人用那双瘦弱的双手支撑着整个家庭。

如今正属寒冬，森林早已披上了洁白的银装，北风吹得松枝哗哗作响，连她的小屋也颤动起来。

屋内的火堆上正烤着一条青鱼，这是她们全家唯一的一点食物。当她看到孩子们欢笑的脸庞时，心里便充满了无限的凄楚和焦虑。是的，她相信上帝一直保佑着她，并了解她的疾苦和贫困，她也知道上帝曾经答应帮助那些孤儿寡母，而上帝绝不会食言，可她现在仍然感到万分的凄苦和无助。

几年之前，上帝带走了她最大的儿子。他离开家庭，到遥远的地方去寻找宝藏，从此便杳无音讯，再没回来过。

不久，上帝又派死神带走她的伴侣和依靠——丈夫，但她从来都没有沮丧过。她艰辛地劳动，不仅供养着自己的孩子，还不时地帮助其他的穷人。

懒惰的人只要还能够生存，就能忍受着贫穷，而自私的人即使在寒冬中也不会受到考验，因为他的情感不会因此而痛苦，心灵也不会因别人而悲伤。

让爱的传递永远不断

只要在闹市之中，即便是最无助的人也还怀有希望，因为面对痛苦，仁爱还没有完全收回她同情的双手，关闭她无私的心灵，闭上她博爱的眼睛。

可是松树堡的这位寡妇，却丝毫感受不到人类的仁爱，上面所说的一切都不能安慰她。她如今只能无奈地弯下身，将最后的食物分给孩子们。这时，一股神奇的激情忽然鼓舞了她的精神，她的脑海中浮现出考珀优美的诗句：

上帝不会通过简单的感觉便下判断，

我们应该坚信他是仁慈的；

在他眉头紧锁的严肃后面，

是一张仁爱和微笑的脸庞。

她刚把这最后的食物放在桌上，就听到一阵敲门声和狗叫声。全家的注意力都被吸引了过来，孩子们争先恐后地跑去开门。门口站着一位十分疲倦的旅人，他衣衫褴褛，但十分健康。旅人走进屋，请求留宿一夜，并想要一些吃的。他说："我一整天滴水未进了。"寡妇听了十分难过，现在她心里关心的不只是自己的事了。她毫不犹豫地把最后一点儿食物分了一份给旅人，并微笑着告诉孩子们："我们绝不会因为这小小的善举而被遗弃，也绝不会因此陷入更深的困苦之中。"

旅人于是来到盘子旁，当他发现盘中的食物少得可怜时，抬头惊奇地望着这一家人："天啊，你们只有这一点儿食物吗？"他叫道，"但却仍然把它分给一个陌生人？你们真是太善良了。可是……"他继续问，"你们慷慨地分给我最后一点儿食物，这些可怜的孩子不就要挨饿吗？""是啊！"寡妇忽然泪流满面，"可我还有一个儿子，如果他还没有被上帝带走的话，现在不知在世界的哪个角落。我如此待你，也祈祷别人能如此待他。上帝的仁爱遍施大地，像他保佑以色列人那样，他同样会保佑我们。就是此刻，我的儿子可能也在四处流浪，和你一般疲惫饥饿，我只希望他能被一户人家收留，即使这户人家和我们一样的贫困。因此我又怎能背叛上帝，不真诚地收留你呢？"

寡妇刚说完话，旅人便激动地跑过去抱住了她。"上帝果真使你儿子被一个善良的家庭所收留，并且赐予了他财富，使他能感谢真诚收留他的人：

我的妈妈，哦，亲爱的妈妈!"原来旅人正是寡妇多年未见的大儿子，他刚从印度归来。为了给家人一个惊喜，他掩藏了自己的身份。当然，这是一份最令人感动，也是最令人快乐的惊喜。

人生法则

> 一滴水的回报是一片绿草茵茵；一捧泥土的回报是一朵花或一枚甜美的果实。但美好的回报，总需要你善良的付出。

心存感恩是一种美

一天，富家子弟杰克和德高望重的教授一块到郊外去散步，不知不觉间他们来到了一块人迹罕至的平原上。

突然，小径旁的一双皮鞋引起了他们的注意。这是一双再普通不过的鞋子，甚至可以算得上丑陋。鞋子的鞋面和鞋底，都已被磨损得只剩下薄薄的一层，鞋子前端的皮革滑稽地隐隐呈现出鞋主人脚趾的轮廓——大概是因为穿的时间太长，鞋面已经显得凹凸不平了。显然，这是一双穷人的鞋子，但却又不像是被人丢弃的，只是暂且寄存在路边而已。因为鞋子虽破，但仍看得出它经过了主人的一番悉心打理——失去光泽的鞋面被擦拭得一尘不染。它就那样静静地卧在旷野里，似乎在为自己的命运哭泣，又似乎在忠诚地等待主人的归来。

杰克对散步已有点心不在焉了，此时看见这双鞋子，一个恶作剧的念头闪过他的脑海，他不禁微微兴奋起来。他扭头对教授说："我们把这双鞋拿走，然后躲到旁边的树丛里，当鞋主人回来，发现鞋子不翼而飞，他一定会急得像热锅上的蚂蚁，到时一定有趣极了。"看着学生满脸的笑容，教授默不作声。片刻之后，他对他的学生说："我的朋友，既然你想开个小玩笑，那么我们试一下另一种方式，我敢保证你一定会从这个玩笑里得到更多。我的朋友，你很富裕对吧，那么，往每只鞋里放上一枚硬币，然后我

109

们藏起来，看看会发生什么。"虽然杰克满腹狐疑，但既然教授这么说，那这件事一定会很有趣的。于是他顺从地在鞋里放上硬币，然后和教授躲到了不远处的树丛里。

不久，鞋子的主人回来了，是一个60来岁的老人。看样子他刚耕完地回来，因为他的脚上沾满了泥土，肩上还扛着一件很大的农具。那农具似乎很沉，压弯了他的背，呈现出下滑的弧形。杰克开始激动起来，在他看来，好戏似乎马上就要上演了。

老人走到放鞋子的地方，细细地擦掉脚上的泥土，然后轻轻地拿起一只鞋往脚上套，接着脸上露出了惊讶的表情。老人从鞋里掏出那枚硬币，然后立马起身，焦急地往四周望了望，似乎是想寻找在鞋里放上了或是丢失了这枚宝贵的硬币的人，可是这片荒芜之地哪有什么人影。老人再次坐下了，他忐忑不安地将硬币放进了口袋。当他穿上另一只鞋，并发现了另一枚硬币时，他似乎被某种奇异的情感击中了。他双膝跪倒在潮湿的土地上，双手合十，抬头定定地仰望着天空，似乎那里有什么人在向他诉说。他脸部生硬的线条瞬间变得柔和生动起来，一串晶亮的液体顺着他沟壑纵横的脸庞曲折地流下。在茫茫的荒野里，他显得那样的渺小，可又是那样的和谐与虔诚，似乎天堂之光正照耀着他。他就像是一棵在广袤平原上屹立多年的孤寂老树，偶然被雷电击中，瞬间焕发了生机。老人静静地跪在那里，似乎凝固成了一尊石像。许久之后，他的双唇开始轻微地抖动起来，破碎的句子从他的口中无意识地滑落，他似乎是在祷告，又似乎是在自言自语。他提到了他那因贫穷折磨而生命垂危的妻子，他提到了他刚遇上的这分恩赐，他提到了那双不知名的仁爱之手，在他最困难的时候伸向了他……

杰克惊呆了，为老人的举动，也为他心底那分莫名流淌的情感。教授没有欺骗他，他真的从这个玩笑里得到了很多很多。

 **人生法则**

> 感恩是一种美好的情感，感恩地活着才会心存温暖。心存感恩是一种神圣，不但能彰显美好的人性，还能感动和影响别人。

快乐其实很简单

当你只为快乐的自己而活，而不在乎外在的虚荣，快乐幸福感才会润泽你干枯的心灵，就如同雨露滋润干涸的土地。我们需求得越少，得到的快乐越多。

快乐其实很简单

过去有个大富翁，家有良田万顷，身边妻妾成群，可日子过得并不开心。而挨着他家高墙的外面，住着一户穷铁匠，夫妻俩整天有说有笑，日子过得很开心。

一天，富翁的小老婆听见隔壁夫妻唱歌，便对富翁说："我们虽然有万贯家产，还不如穷铁匠开心！"富翁想了想笑着说："我能叫他们明天唱不出声来！"于是拿了家里的一些金条，从墙头扔了过去。

打铁的夫妻俩第二天扫院子时发现不明不白的金条，心里又高兴又紧张，为了这两根金条，他们连铁匠炉子上的活也丢下不干了。男的说："咱们用金条买些好田地。"女的说："不行！金条让人发现，会怀疑是我们偷来的。"男的说："你先把金条藏在炕洞里。"女的摇头说："藏在炕洞里会被贼娃子偷去。"他俩商量来讨论去，谁也想不出好办法。从此，夫妻俩吃饭不香，觉也睡不安稳，当然再也听不到他们的欢笑和歌声了。

富翁对他的小老婆说："你看，他们不再说笑、不再唱歌了吧！"而富翁却因家里再也没有金条，不用防备盗贼，心里变得轻松起来，他们夫

妻倒能每天都有好心情唱歌了。看，开心就是如此简单。

铁匠夫妻俩之所以失去了往日的开心，是因为得了不明不白的两根金条，为了这不义之财，他们既怕别人发现怀疑，又怕被人偷去，有了金条不知如何处置，所以终日寝食难安。

现实生活中也是如此，有些大款虽然守着一堆花花绿绿的票子，守着一幢豪华的洋房，守着一位貌合神离的天仙，但未必就能咀嚼出生活的真趣味。

开心不开心同样也不能用手中的"权"来衡量。有了权，未必就能天天开心。我们时常看到有些弄权者，为了保护自己的"乌纱帽"，处处阿谀奉迎，事事言听计从，失去了做人的尊严，哪里还有什么真正的开心？

俄国诗人涅克拉索夫的长诗《在俄罗斯，谁能幸福和快乐》，诗人找遍了可能拥有快乐的人，最终找到快乐的人竟然是枕锄瞌睡的农夫。是的，这位农夫有强壮的身体，能吃能喝能睡，从他打瞌睡的眉间和他打呼噜的声音中，无不飞扬和流露出由衷的开心。这位农夫为什么能开心？不外乎两个原因，一是知足常乐，二是劳动能给人带来快乐和开心。

法国杰出作家罗曼·罗兰说得好："一个人快乐与否，决不依赖于获得了或失去了什么，而只在于自身感觉怎样。"

有的人大富大贵，别人看他很幸福，可他自己却身在福中不知福，心里老觉得不痛快；有的人，别人看他离幸福很远，他自己却时时与幸福邂逅。

有对下岗的年轻夫妇，在早市上摆个小摊，靠微薄的收入维持全家5口人的生活。这夫妇俩过去爱跳舞，现在没钱进舞厅，就在自家院子里打开收录机转悠起来。男的喜欢喂鸟，女的喜欢养花。下岗后，鸟笼里依旧传出悦耳动听的鸟鸣声，阳台上的花儿依旧鲜艳夺目。他俩下了岗，收入减少了许多，还乐个不停，邻居们都用惊异的目光看着他俩。

是的，我们虽然无法改变我们的境况，但我们可以改变自己的心态。

你不能左右风的方向，但是可以操控自己的风帆。没了工作不要紧，但不能没有快乐，如果连快乐都失去了，那活着还有什么意义。因为快乐是人的天性的追求，开心是生命中最顽强、最执著的律动。

给予是快乐的源泉。所谓"给予"，它包含付出金钱、时间、兴趣或忠言，或者任何有你能给予他们，且对他们有利的东西。你的付出能帮助你发现自己。

这种说法听起来很奇怪，但却是真的。付出最多的人，获得的也最多。

寻求人生乐趣的法则是：知道你在生活中会遇到困难、悲伤和恶劣的情形，但深信自己可以克服它们。这种快乐是无价的，这便是我们先前提到的人生的快乐。

有时，一个又一个的打击可能会"打掉了你的生机和活力"。这句话很现实，你可能已如行尸走肉，不断的打击使你感到已经是穷途末路，你无法再站起来奋斗，只能爬行，而不敢勇敢地站起来，以智慧和力量去解决困难。对于这样的懦夫来说，人生当然没有什么乐趣。失败总是让人不愉快。只有能应付人生中大大小小难题的人，才能得到许多的人生乐趣。安妮·谢尔太太便是采用积极心态，通过积极思维摆脱忧伤的一个很好的例证。

谢尔先生是当地一家著名宾馆的经理。几个月前，谢尔先生突然去世，而谢尔太太继续留在那家旅馆，在一位新来的经理手下以女主人的身份工作。不久，人们就发现她已摆脱了悲伤情绪。显然，她内心的平静源于一种深深的力量。

朋友们都说："你回去工作，使自己有事干是正确的决定。"

谢尔太太的回答包含着如何处理悲伤的不寻常的哲学："事实上，我的心情能变好不是因为我回去工作。工作并非治疗剂，它只是麻醉剂，它只会使我对悲伤麻木，却不能治疗的我的心病，是信仰让我完全康复的。"她的看法真是精辟，工作只能使人对悲伤感到麻木，却无法起到任何治疗作用，唯有信仰才能使人康复。当我们遭受巨大的心灵创伤时，我们当然不会真正感到快乐。

真正的快乐，不是用金钱和权势换来的，有钱有权的富人们不一定人人都快乐，个个都会领略生活的乐趣。现代人越来越重视对金钱、权势的追求和物质的占有，殊不知金钱和权力固然可以换取许多享受的东西，可不一定能换取真正的快乐。因此，如何把握好适当的度相当重要。

让心灵过一种简单的生活。简单是一种美，是一种朴实且散发着灵魂香味的美。

简单不是粗陋，不是做作，而是一种真正的大彻大悟之后的升华。

现代人的生活过得太复杂了，到处都充斥着对金钱、功名、利欲的角

逐，到处都充斥着新奇和时髦的事物。被这样复杂的生活所牵扯，我们能不疲惫吗?

梭罗有一句名言感人至深:"简单点儿，再简单点儿! 奢侈与舒适的生活，实际上妨碍了人类的进步。"他发现，当他生活上的需要简化到最低限度时，生活反而更加充实。因为他已经无须为了满足那些不必要的欲望而使心神分散。

简单地做人，简单地生活，想想也没什么不好。金钱、功名、出人头地、飞黄腾达，当然是一种人生。但能在灯红酒绿、推杯换盏、斤斤计较、欲望和诱惑之外，不依附权势，不贪求金钱，心静如水，无怨无争，拥有一份简单的生活，不也是一种很惬意的人生吗? 毕竟，你用不着挖空心思去追逐名利，用不着留意别人看你的眼神，没有枷锁的心灵，快乐而自由，随心所欲，该哭就哭，想笑就笑，虽不能活得出人头地、风风光光，但这又有什么关系呢?!

生活未必都要轰轰烈烈，"云霞青松作我伴，一壶浊酒清淡心"，这种意境不是也很清静自然，像清澈的溪流一样富于诗意吗? 生活在简单中自有简单的美好，这是生活在喧嚣中的人所渴求不到的。晋代的陶渊明似乎早已明了其中的真意，所以有诗云:"结庐在人境，而无车马喧。问君何能尔? 心远地自偏。采菊东篱下，悠然见南山。山气日夕佳，飞鸟相与还。此中有真意，欲辩已忘言。"

简单地生活其实是很迷人的:窗外云淡风轻，屋内香茶萦绕，一束插在牛奶瓶里的漂亮水仙，穿透洁净的耀眼阳光，美丽地开放着;在阳光灿烂的午后，你终于又来到了年轻时的山坡，放飞着童年时的风筝;落日的余晖之中，你静静地享受着夕阳下清心寡欲的快乐……

简单是美，是一种高品位的美。

 **人生法则**

在五光十色的现代世界中，让我们记住一个古老的真理:"活得简单才能活得自由。"

快乐来源于"简单生活"

在口头上，绝大多数人都希望自己的生活能够达到"简单并快乐着"的最佳状态，但是他们真能做到吗？毫无疑问，这是一个大大的问号。为什么呢？因为大家都会被实实在在的生活压得喘不过气来，甚至头晕眼花。

著名捷克作家米兰·昆德拉有一句名言："承受生命之重。"实际上绝大多数人不堪承受生命之重，因为他们被占有物质财富——好房、名车、高收入、高开销等的欲望折磨得疲惫不堪。其实，物质财富并不像很多人想象的那样重要。事实上，有许许多多的人是在令人难以察觉的绝望状态下生活的。这在工业化程度越高的西方国家，情况尤为严重。

一项统计显示，在美国社会中，一对夫妻一天当中只有12分钟时间进行交流和沟通，一周之内父母只有40分钟与子女相处，约有一半的人处于睡眠不足的状态。时间的危机实际上是感情的危机。大家好像每天都在为一些大事疯狂地忙碌，然后疲惫不堪，没有时间顾及其他。大家都在劳动，都在创造，但是，生活真的变好了吗？

美国心理学家戴维·迈尔斯和埃德·迪纳已经证明，物质财富是一种很差的衡量快乐的标准。人们并没有随着社会财富的增加而变得更加快乐。在大多数国家，收入和快乐的相关性是可以忽略不计的；只有在最贫穷的国家里，收入才是适宜的标准。

抛开这些抽象的理论不说，物质财富的进步有时确实使人们作茧自缚。举一个很简单的例子，电话、传真、电子邮件已经成为许多工作不可缺少的帮手，不过，如果一项工作每天都面对源源不绝的电子信息，就很可能产生"信息疲乏并发症"。许多企业界的经理人和信息业的工作者抱怨，每天必须接听的电话和处理的电子邮件造成精神上莫大的压力。"信息疲乏并发症"甚至会造成长期失眠，严重影响健康。至于伴随文明发展而来的噪音、污染等问题则更是尽人皆知的。

在习惯的支配下，我们对这个嘈杂的世界、混乱的时空没有感到有什么不对劲，也许只有到临终的时候，才会悲哀地发现，自己的一生，原来是这么的不快乐。

那么快乐是什么？快乐来源于"简单生活"。物质财富只是外在的荣光，真正的快乐来自于发现真实独特的自我，保持心灵的宁静。

有人问，"简单生活"是否意味着苦行僧般的清苦生活，辞去待遇优厚的工作，靠微薄存款过活，并清心寡欲？美国著名心理学家皮鲁克斯说："这是对'简单生活'的误解。'简单'意味着'悠闲'，仅此而已。丰富的存款，如果你喜欢，那就不要失去，重要的是要做到收支平衡，不要让金钱给你带来焦虑。"

无论是中产阶级，还是收入微薄的退休工人，都可以生活得尽量悠闲、舒适，在过"简单生活"这一点上人人平等。

简单，是平息外部无休无止的喧嚣，回归内在自我的唯一途径，简单的好处在于：也许你没有海滨前华丽的别墅，而只是租了一套干净漂亮的公寓，这样你就能节省一大笔钱来做自己喜欢的事，比如旅行或者是买上梦想已久的摄影机。你也再用不着在上司面前唯唯诺诺，你自己就是自己的主人，提升并不是唯一能证明自己的方式，很多人从事半日制工作或者是自由职业，这样他们就有更多的时间由自己支配。而且如果你不是那么忙，能推去那些不必要的应酬，你将可以和家人、朋友交谈，分享一个美妙的晚上。我们总是把拥有物质的多少、外表形象的好坏看得过于重要，用金钱、精力和时间换取有目共睹的优越生活，却没有察觉自己的内心在一天天枯萎。

有一个美国商人坐在墨西哥海边一个小渔村的码头上，看着一个墨西哥渔夫划着艘小船靠岸。小船上有好几尾大黄鳍鲔鱼，这个美国商人对墨西哥渔夫能抓这么高档的鱼恭维一番，还问要多少时间才能抓这么多？

墨西哥渔夫说，才一会儿工夫就抓到了。美国人再问："你为什么不待久一点，好多抓些鱼？"

墨西哥渔夫觉得不以为然："这些鱼已经足够我一家人生活所需啦！"

美国人又问："那么你一天剩下那么多时间都在干什么?"

墨西哥渔夫解释："我呀?我每天睡到自然醒,出海抓几条鱼,回来后跟孩子们玩一玩,再跟老婆睡个午觉,黄昏时晃到村子里喝点小酒,跟哥儿们玩玩吉他,蹦蹦跳跳唱唱歌,我的日子可过得充实又忙碌呢!"

美国人不以为然,帮他出主意,他说:"我是美国哈佛大学企管硕士,我倒是可以帮你忙!你应该每天多花一些时间去抓鱼,到时候你就有钱去买条大一点的船。自然你就可以抓更多鱼,再买更多渔船。然后,你就可以拥有一个渔船队。到时候你就不必把鱼卖给鱼贩子,而是直接卖给加工厂。然后你可以自己开一家罐头工厂。如此你就可以控制整个生产、加工处理和行销。然后你可以离开这个小渔村,搬到墨西哥城,再搬到洛杉矶,最后到纽约,在那里经营你不断扩充的企业。"

墨西哥渔夫问:"这又花多少时间呢?"

美国人回答:"15到20年。"

"然后呢?"

美国人大笑着说:"然后你就可以在家当皇帝啦!时机一到,你就可以宣布股票上市,把你的公司股份卖给投资大众。到时候你就发啦!你可以几亿几亿地赚!"

"然后呢?"

美国人说:"到那个时候你就可以退休啦!你可以搬到海边的小渔村去住。每天睡到自然醒,出海随便抓几条鱼,跟孩子们玩一玩,再跟老婆睡个午觉,黄昏时,晃到村子里喝点小酒,跟哥儿们玩玩吉他,蹦蹦跳跳唱唱歌,享受美好的生活!"

墨西哥渔夫疑惑地说:"我现在不就是这样子了吗?"

人生法则

其实,人的一生,所追求的无非是最终的幸福快乐。那么,为什么不早一点来享受这种快乐呢?当你只为快乐的自己而活,而不在乎外在的虚荣,快乐幸福感才会润泽你干枯的心灵,就如同雨露滋润干涸的土地。我们需求得越少,得到的快乐越多。

笑对生活

人生如变幻莫测的天空，瞬息阳光挥洒、白云悠扬、彩虹飞架，瞬息乌云密布、电闪雷鸣、风狂雨暴。

人生如一支优美动听的乐曲，一段高昂激荡，震天动地，促人警醒；一段浑厚低沉，婉转回肠，催人泪下。

人生如四季，春天鸟语花香，生机勃勃；夏天水清叶绿，骄阳似火；秋天金黄灿烂，馨香浓郁；冬天银装素裹，深沉睿智。

人生有喜有悲，有聚有散，有乐有苦，有得有失，有沉有浮，有爱有恨，有生有死。

为人夫者有丈夫的甜蜜和苦衷，为人妻者有妻子的幸福和辛酸，做父母的有父母的自慰和艰辛，做儿女的有儿女的骄傲和屈懑。从政者有官场上的得意和危机，经商者有商海的亨运和风险，农耕者有田园的安逸和艰难，治学者有纸墨的雅趣和清贫。

人生得意时，不可欣喜若狂，目空一切；人生失意时，切忌长吁短叹，自暴自弃。人生得意时，要珍惜生活，清醒头脑，不管别人阿谀奉承还是献媚恭维；人生失意时，要热爱生活，振作精神，不管别人指手画脚还是热讽冷嘲。

也许一个梦难圆，一个理想未能实现，那么，来一次开怀畅饮，对月长歌又何妨？

笑对人生——相信生活不会亏待每一位热爱她的人。

生命的航船难免遇到险滩恶浪，如何驾驶生命的小舟，让它迎风破浪，驶向成功的彼岸，这需要你我的勇气。不管风吹浪打，胜似闲庭信步，以百折不挠的意志去面对困难，以一种平常心去面对挫折，自信天生我材必有用，相信你会从山重水复疑无路，峰回路转至柳暗花明又一村的境地，迎接你的必将是山巅的无限风光。人生难免有起伏，没有经历过失败的人生不是完整的人生。没有河床的冲刷，便没有钻石的璀璨；没有地壳的底蕴，便没有金子的辉煌；没有挫折的考验，也便没有不屈的人格。正因为有挫折，才有勇士与懦夫之分，愿你我都能做不屈的斗士。记住"天降大任于斯人也，必先苦其心志，劳其筋骨，饿其体肤，空乏其身，行拂乱其所为，所以动心忍性，增益其所不能"。这便是磨难、逆境塑造人！人的一生，需要奋斗，唯有奋斗，才有成功！幸运的花环，只属于那些做好了特殊准备的人。在奋斗中寻找乐趣，与天奋斗，其乐无穷。当你播撒的汗水结出丰硕的果实，你必然会体会到成功的欣喜，从而树立自信，更加坚定地奋斗不息。

勉励自己关怀社会，有太多事情需要我们出手帮忙。很多人对人不尊重、对事不负责、对自己不要求、对物不珍惜、对神不感恩、遇到挫折情绪就翻腾——这是拿情绪惩罚自己、拿错误惩罚别人。告诉自己，挫折只是一件事，不能占据你的心，否则就是把快乐拒于门外；相对的，满心的快乐，挫折就进不来。

一张笑脸、一个真挚的眼神、一句知心的话，都会给处于困境中的人以莫大慰藉，融化他们心中的坚冰，鼓起生活的希望，增强生活的信心，让漂泊在黑暗之中的心灵小舟找到停泊点。

敞开你的心扉，微笑面对生活，用一颗心去拥抱生活，让灿烂的笑容荡漾在青春脸庞，向世界呐喊："活着真好，青春无悔，人生无悔！"

法国作家拉伯雷说过这样的话："生活是一面镜子，你对它笑，它就对你笑，你对它哭，它就对你哭。"如果我们整日愁眉苦脸地生活，生活肯定愁眉不展；如果我们爽朗乐观地看生活，生活肯定阳光灿烂。

朋友，既然现实无法改变，当我们面对困惑、无奈时，不妨给自己一个笑脸，一笑解千愁。

笑声不仅可以解除忧愁，而且可以治疗各种病痛。微笑能加快肺部呼吸，增加肺活量，能促进血液循环，使血液获得更多的氧，从而更好地抵御各种病菌的入侵。

生理学家巴甫洛夫说过："忧愁悲伤能损坏身体，从而为各种疾病打开方便之门，可是愉快能使你肉体上和精神上的每一现象敏感活跃，能使你的体质增强。药物中最好的就是愉快和欢笑。"

笑声还可以治疗心理疾病。印度有位医生开设了多家"欢笑诊所"，专门用各种各样的笑，如"哈哈"、"开怀大笑"、"吃吃"、抿嘴偷笑、抱着胳膊会心地微笑等来治疗心情压抑等各种疾病。在美国的一些公园里都开辟有欢笑乐园。每天有许多男女老少在那里站成一圈，一遍遍地哈哈大笑，进行"欢笑晨练"。

笑不仅具有医疗作用，而且生活中它还能产生人们意想不到的用途。

有个王子，一天吃饭时，喉咙里卡了一根鱼刺，医生们束手无策。这时一位农民走过来，一个劲地扮鬼脸，逗得王子止不住地笑，终于吐出了鱼刺。

雪莱说过："笑实在是仁爱的表现，快乐的源泉，亲近别人的桥梁。有了笑，人类感情就沟通了。"笑是快乐的象征，是快乐的源泉。笑能化解生活中的尴尬，能缓解工作中的紧张气氛，也能淡化忧郁。

既然笑声有这么多的好处，我们有什么理由不让生活充满笑声呢？

不妨给自己一个笑脸，让自己拥有一份坦然；还生活一片笑声，让自己勇敢地面对艰难。这是怎样的一种调解，怎样的一种豁达，怎样的一种鼓励啊！

赫尔岑有句名言说："不仅会在观乐时微笑，也要学会在困难中微笑。"人生的道路上难免遇到这样那样的困难，时而让人举步维艰，时而让人悲观绝望。漫漫人生路有时让人看不到一点希望，这时，不妨给自己一个笑脸，让来自于心底的那份执著，鼓舞自己插上理想的翅膀，飞向最终的成功；让微笑激励自己产生前行的信心和动力，去战胜困难，闯过难关。

人生法则

清新健康的笑，犹如夏天的一阵大雨，荡涤了人们心灵上的污泥及所有的污垢，显露出善良与光明。笑是生活的开心果，是无价之宝，但却不需花一分钱。所以，每个人都要学会以微笑面对生活。

养成笑的习惯

　　微笑的后面蕴含的是一种坚实的、无可比拟的力量，一种对生活巨大的热忱和信心，一种高格调的真诚与豁达，一种直面人生的智慧与勇气。而且，境由心生，境随心转。我们内心的思想可以改变外在的容貌，同样也可以改变周遭的环境。

　　百货店里，有个穷苦的妇人带着一个约莫4岁的男孩在转圈子。走到一架快照摄影机旁，孩子拉着妈妈的手说："妈妈，让我照一张相吧。"妈妈弯下腰，把孩子额前的头发拢在一旁，很慈祥地说："不要照了，你的衣服太旧了。"孩子沉默了片刻，抬起头来说："可是妈妈，我仍会面带微笑的。"

　　从某种意义上说，人不是活在物质里，而是活在自己的精神里，如果精神垮了，没有人救得了你，包括人们所信奉的"上帝"。

　　约翰·内森堡是一名犹太籍的心理学博士。在二战期间，虽然他幸免于难，然而他却没能逃脱纳粹集中营里惨无人道的生活折磨。他曾经绝望过，这里只有屠杀和血腥，没有人性、没有尊严。那些持枪的人像野兽一样疯狂地屠戮着，无论是怀孕的母亲，刚刚会跑的儿童，还是年迈的老人。

　　他时刻生活在恐惧中，这种对死的恐惧让他感到一种巨大的精神压力。集中营里，每天都有因此而发疯的人。内森堡知道，如果自己不控制好自己的精神，他也难以逃脱精神失常的厄运。有一次，内森堡随着长长的队伍到集中营的工地上去劳动。一路上，他产生一种幻觉，晚上能不能活着回来？是否能吃上晚餐？他的鞋带断了，能不能找到一根新的？这些幻觉让他感到厌倦和不安。于是，他强迫自己不想那些倒霉的事，而是刻意幻想自己是在前去演讲的路上。他来到了一间宽敞明亮的教室中，他精神饱满地在发表演讲。

　　他的脸上慢慢浮现出了笑容。内森堡知道，这是久违的笑容。当他知道自己也会笑的时候，他也就知道了，他不会死在集中营里，他会活着走

出去。当从集中营中被释放出来时，内森堡显得精神很好。他的朋友不相信一个人可以在魔窟里保持年轻。

这就是心境的力量。有时候，一个人的精神可以击败许多厄运。因为对于人的生命而言，要存活，只要一箪食、一钵水足矣。但要存活下来，并且要活得精彩，就需要有宽广的心胸、百折不挠的意志和化解痛苦的智慧。

富兰克林说："美德远胜于美貌。"这句话，被一个鲜活的例子所证实。

在学校里，有一个长得很丑的女孩，学校的人常常讥笑她，甚至给她取了一个绰号："丑八怪"。

每当别人这样叫她时，她都气得要命，有时甚至气得大哭起来。

有一天当她又因为别人的取笑在那里痛哭时，有一位慈祥的老工友经过，问明她难过的原因后，老工友告诉她变漂亮的秘方：

第一，脸上常常挂着笑容，碰到同学就亲切地打招呼。

第二，绝不自怨自艾，不再去管自己的长相如何。

第三，乐于帮助人，用一颗善良的心去服务别人。

老工友告诉她只要切实遵守这些秘诀，三个月后她一定会变成全校最美丽的姑娘。

于是这女孩听了老工友的话，全心全力地去实践这些秘诀。没有多久，她果然成为全校同学最受欢迎，最有人缘，最乐于相处的人了！

我想起大学期间认识的一位旧书摊主。因自己生性爱书，除了去书店买新书，更多的是去买旧书，经济又实惠。摊主是位50开外的中年男人，头发已有点白了，虽然他看上去满脸疲倦，但他脸上却始终挂着一种温暖而平和的微笑。他的生意也不是很好，但他脸上的微笑从没因此收敛片刻，依然笑对着每一位从他书摊前经过的人，犹如一道令人心动的风景。

时间长了，我便与他混得很熟。后来从他口中得知，他原来在这座城市里一家有名的企业上班，不巧的是他下岗了，更不幸的是妻子又遭车祸，至今仍躺在床上，本是小康的生活已跌入贫困的深渊。再加上一个读高三的女儿也正是花钱的时候。没办法，只好出来弄点旧书卖，成本不高，周期短，能赚多少算多少，只求能把这个家支撑下去。他还讲了自己生活中其他一些颇使人心忧的事。令我吃惊的是，当他讲述那些常人也许无法承受的不幸时，脸上仍带着淡淡的笑容。

　　一天在他摊位上翻阅旧书时，突然下起雨来。他对我说："小伙子，能不能帮我把书收起来？"我爽快地答应了。随后，我心里一动，萌发了去他家看看的念头，便对他说了自己的想法，他微笑着说："欢迎，欢迎。"

　　他家很狭窄。他说他本来有套宽敞的住房，但为了妻子的医药费而换给了别人。刚一进门，我就被他妻子的一张笑脸所感动。她坐在沙发上，从她身上可看出受伤的痕迹。他妻子的微笑正如他示人的微笑一样温暖而和平。从这张笑脸上根本找不到那种重伤在身、贫困交加的人所表现出来的厌世、焦躁、淡漠与敌视的神情。那张脸虽清瘦苍白，但洋溢出的微笑却如花般灿烂、鲜丽，使整个房间弥漫着一种怡人的温馨。他们好像完全不顾忌我这个外人在旁，他坐在妻子身旁，微笑着问她好点没有，他妻子也微笑着抚摸着他的脸，问他累不累，那情景让人羡慕而感动。此时，他们的女儿放学回来了，她身上散发着一种青春活力，脸上的微笑一如她的父母。我在那份温暖和美丽的微笑中还读出一种自强与希望。

　　我明白他们一家人为什么在接踵而来的不幸中，仍能示人以如花般的微笑，更深深感受到那种蕴含在微笑后面坚实的、无可比拟的力量——那是一种对生活巨大的热忱和信心，一种高格调的真诚与豁达，一种直面人生的成熟与智慧。

 **人生法则**

　　只要具备了这种淡然如云微笑如花的人生态度，那么，任何困境和不幸都能被锤炼成通向平安幸福的阶梯。

别让自己成为"孤岛"

这个世界除了你之外，还有别人。要学会尊重他人，学会和他人交往，只有这样才能得到别人的友谊，同时也为你做人做事打开了通畅的大门。

每一个人都有尊严

一位哲学家曾经说过："我们要善于尊重他人，因为尊重他人就是尊重你自己。"如果你对这话反感，那你也许会为你这种想法付出代价，这就等于伤害了你自己。

其实每个人都有自己的尊严，是不容破坏的。如果你善于尊重别人的感觉和尊严，那么你一定受益匪浅。想必你也有过被他人尊重的感觉，那种滋味很难忘，至少你知道还有人会尊重你，关心你。那时候的你会想，我并不低贱，我也是有人格的。

在现实社会中，尊严的重要性与日俱增。一个人没有了尊严就等于没有了一切，没有了做人的意义。因此我们不只顾及自己的感受，还有尊重他人，这一点是很重要的。也许你救助了他人，受益的终究是自己。

尊重人，是一切礼仪规则的核心。你如果希望别人尊重你，首先要学会尊重人。这是"待人接物"的一条重要原则。

学会尊重人，可以从以下方面做起：

一是听他人说。做一个好听众，认真倾听别人说话，鼓励别人说他们的事，让对方觉得他很重要。这样的人，朋友会很多。只会说不会听，或者随便打断别人的话都是不礼貌的。

二是替他人想。平时我们与替他人着想的人接触时，总是会感到这人很好相处，为人善良，这样的人人际关系总是比较好的，做事也比较容易成功。平时待人接物，我们也应该遵守这条原则，多替别人想一想。

三是帮他人做。1979 年联合国通过的章程中有这样一句话："培养具有温暖心灵的人。"人与人之间要相互帮助，如果能经常说："你有困难吗？我来帮助你！"并且尽力"帮他人做"，你的心中就会充满爱，会觉得活得很充实。你的朋友就会很多，你有困难时，别人也会愿意来帮助你。

很多时候，我们不同意别人的观点，可又苦于没有一种很轻松的氛围能让我们把满脑子的想法自由地表达出来，担心一旦自己的想法自由地表达出来，别人会怎么看，自己会不会遭到嘲笑、贬低和忽略。"

克拉克先生的办法是："在讨论问题的时候，要对其他同学的评论、观点和想法表示尊重。要尽可能地这样说："我同意约翰的观点，同时我也感到……""我不同意沙拉的看法，尽管她抓住了问题的核心，但我觉得……"或者"我认为维可多的观察真是太精彩了，它让我意识到……"

简单地说就是：尊重别人，注意讲话技巧，要懂得尊重人。而"尊重人"，则是个大原则、大观念了。

尊重他人是人所应当具有的一种最起码的修养，如果一个人连尊重他人都做不到的话，想必在学习中、在生活中也会处处碰壁。

两个有钱人住在多是穷人居住的地方，假如其中一个人每天早上看见邻居后，亲切地打着招呼，问候一句早安，那些人则很乐意和他做朋友，因为他们中间没有贫贱之分；而另外一个人看到他们后用眼光鄙视他们，只因为他们没他有钱，那么他们之间的相处可想而知。当他们遇到困难时，前者会得到大家热情的帮忙，而后者，得到的只可能是冷嘲热讽。造成这样的后果是什么？是因为他没有尊重他人。人都是有尊严的，我们要善于学会尊重他人。

林肯住在印第安纳州鸽湾谷的时候，年纪轻轻，喜欢评论是非，还常常写信和诗讽刺别人。他常把写好的信扔在乡间路上，使被讽刺的对象能拾到。

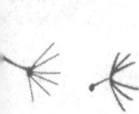

　　林肯在伊利诺伊州春田镇当见习律师时，仍改不了这一毛病。1842年秋，他又在报上写了一封匿名信讽刺当时的一位自视甚高的政客詹姆士·席尔斯，被全镇引为笑料。席尔斯愤怒不已，终于查出写信者是林肯，他即刻骑马找到林肯，下战书要求决斗。林肯并不喜欢决斗，但迫于情势，只好接受挑战。他选择骑兵的腰刀作为武器，并向一位西点军校毕业生学习剑术，准备到决斗那一天决一死战，幸亏在最后一分钟被人阻止了，否则很难想象"两虎相争，必有一伤"的局面会怎么样。

　　这是林肯人生中最深刻的一个教训，从此他学会了与人相处的艺术。他再也不写信骂人、任意嘲弄人或为某事指责人了。此刻的他深刻地明白了一个自尊心受到伤害的人会有怎样可怕的举动。

　　南北战争的时候，林肯新任命的将军在战争中一次又一次地惨败，使林肯很失望。全国有半数以上的人，都在臭骂那些无用的将军们，但林肯却没吭一声。他喜欢引用一句话："不要评议别人，别人才不会评议你。"

　　当林肯太太和其他人对南方人士有所非议的时候，林肯总是回答说："不要批评他们，如果我处在同样情况下，也会跟他们一样的。"

　　也许，任何时候都要顾及别人的自尊心，这就是林肯善于与人相处的秘诀，也是他的成大事之道。

　　有一个孩子上小学的时候，很贪玩，不爱写作业，特别是数学，那些加、减、乘、除对他来说是一种莫大的障碍。这就难免会出问题，有一次数学测验他得了49分——全班就他一个人挂"红灯"，数学老师把他叫到办公室，怒气冲冲地当着办公室许多老师的面就把他狠狠批评一顿："你数学到底怎么学的？怎么这么笨？这么简单的题都做不及格，你还有指望吗……"他那时还小，对老师说的许多词语并不十分明白，但他的小小的自尊心是明显地受到伤害了，而且印象很深，直到成年后还能回想起那个令人伤痛的场景，当着许多老师的面，被无情地数落……

　　后来他就真的"没有了指望"，数学课经常无故缺课，他对那门课产生了厌倦，对教课的老师产生了反感，他讨厌这个老师。幸亏父母发现及时，给他补了许多课，才使他期末考试"幸免于难"。过了一年后换了个数学老师，老师尽管在上课时极其严肃，对作业要求也很严格，但他从来不发脾气。知道这个孩子基础差，老师总是采用循循善诱的方式，捕捉住这个孩子的每一点小小的进步，对他进行鼓励，这使他信心大增。他对数学逐渐产生兴趣，直到现在，他一直对那位有着一颗仁慈之心的老师心存感激。

这个故事说明了一个简单但又常常为人所忽视的道理：没有人愿意被别人伤及自尊，人们总是希望得到肯定和赞美。许多人看着不顺眼就想指责别人，别人一有失误就抓住"把柄"加以"发挥"，似乎这样才能使自己心情舒畅，但谁又能去考虑那些自尊心被深深伤害了的人的感受呢？人们总喜欢玫瑰的花而不喜欢玫瑰的刺。批评像根刺，稍不小心就会把别人的自尊心刺伤，批评也往往收不到预期的效果，相反会引发对方的不满情绪和反抗心理。更危险的是，批评还会伤害一个人宝贵的自尊。试着体会别人的心情，采用和气开导的方式，会更容易让人接受。

人生法则

> 这个世界除了你之外，还有别人。不会爱惜自己的人，不会成为一个快乐的人，不会尊重他人的人，就不会得到别人的尊重。

不要忌妒身边的朋友

你知道什么是螃蟹心理吗？你知道渔民们怎样抓螃蟹吗？把盒子的一面打开，开口冲着螃蟹，让它们爬进来，当盒子装满螃蟹后，将开口关上。盒子有底，但是没有盖子。本来螃蟹可以很容易地从盒子里爬出来跑掉，但是由于螃蟹有嫉妒心理，结果一只都不能跑掉。原来当一只螃蟹开始往上爬的时候，另一只螃蟹就把它挤了下来，最终谁也没有爬出去。

大家不用想就知道它们的结局：它们都成了餐桌上的美味佳肴。

嫉妒使我们的思想禁闭起来，没有一个开放的头脑，就不可能产生良好结果——除了怨恨，我们变得一无所有。

人一旦嫉妒起来就好像那些螃蟹一样。嫉妒的人以消极的人生观为基

础，他们信奉"你好我就不好"的信条，所以这种心理常常给人际关系带来破坏性的影响。

嫉妒的起因是我们发现别人比我们做得更好，别人比我们拥有的更多。嫉妒有推动力，但是它不能给我们正确的导航。它给我们指明一条道路，但是却让我们去妨碍和伤害别人。用拖别人后腿的方式来赢得胜利或者至少保持不输是非常愚蠢的做法。

嫉妒使我们放弃对自身利益的关注，别人的优势恰好映照出我们的不足，想要完成一个健康完善的自我的塑造，必须要懂得为自己加油。去拖别人的后腿只会使别人和我们一样差劲，而不会使我们获得进步。

嫉妒是发生在自己最熟悉的圈子里的，我们普通老百姓不会去嫉妒国家首脑所拥有的特权、亿万富翁取得的财富，但我们却不能容忍周围的人超越我们半步，故而这种心理会对我们造成切实的伤害。你只要发现别人进步比你快，运气比你好，你心中便酸溜溜地不舒服，说话也不自觉地尖刻起来，甚至还会做出一些小动作来，有这样的行为方式谁还会同你在一起互帮互助？到头来只能伤害到自己。

每个人难免都会有嫉妒心，因此，每当看到别人发生不幸的时候，有时候幸灾乐祸的感觉就会油然而生。这种情况，最常发生在那些与我们有利害关系的人身上，如此一来，我们就会觉得似乎又少了一个竞争的对手了。

但是，我们却忽略了他人在成功之前所可能付出的汗水与努力。因此，每个人都应该扪心自问：自己是怎么规划人生的？目前自己的工作充满了挑战与成就吗？自己在工作中能获得学习与成长的机会吗？与别人相比，自己是否有一些较他人突出的特质？然后，将自己未来真正想做的事情，或是想追求的目标记录下来。例如，希望身旁拥有什么样品质的益友？希望从工作中还能多学习到什么知识或技能？未来希望过什么样的生活？请将所有的梦想个体化，目标明确化吧。

当一个人成功的时候，其实往往代表了全人类的成功，爱迪生成功地发明了电灯，莱特兄弟试飞成功，爱因斯坦发现相对论等，这些成功的事迹最后都带来了全人类的便利与福音，因此请为他人的成功感到骄傲吧！

人生是很奇妙的，也以他人的成功为骄傲，因为也许有一天，我们可能就是个改变人类命运的人！

告诉自己这样一个信条：解决的方法只有一个，就是我要努力进步，过得比你还要好。

佛经上有一则故事：在远古时代，摩伽陀国有一位国王饲养了一群象。象群中，有一头象长得很特殊，全身白皙，毛柔细光滑。后来，国王将这头象交给一位驯象师照顾。这位驯象师不只照顾它的生活起居，也很用心教它。这头白象十分聪明、善解人意，过了一段时间之后，他们已建立了良好的默契。

有一年，这个国家举行一个大庆典。国王打算骑白象去观礼，于是驯象师将白象清洗、装扮了一番，在它的背上披上一条白毯子后，才交给国王。

国王就在一些官员的陪同下，骑着白象进城看庆典。由于这头白象实在太漂亮了，民众都围拢过来，一边赞叹、一边高喊着："象王！象王！"这时，骑在象背上的国王觉得所有的光彩都被这头白象抢走了，心里十分生气、嫉妒。他很快地绕了一圈后，就不悦地返回王宫。

一入王宫，他问驯象师："这头白象，有没有什么特殊的技艺？"驯象师问国王："不知道国王您指的是哪方面？"国王说："它能不能在悬崖边展现它的技艺呢？"驯象师说："应该可以。"国王就说："好。那明天就让它在波罗奈国和摩伽陀国相邻的悬崖上表演。"

隔天，驯象师依约把白象带到那处悬崖。国王就说："这头白象能以三只脚站立在悬崖边吗？"驯象师说："这简单。"他骑上象背，对白象说："来，用三只脚站立。"果然，白象立刻就缩起一只脚。

国王又说："它能两脚悬空，只用两脚站立吗？""可以。"驯象师就叫白象缩起两脚，白象很听话地照做。国王接着又说："它能不能三脚悬空，只用一脚站立？"

驯象师一听，明白国王存心要置白象于死地，就对白象说："你这次要小心一点，缩起三只脚，用一只脚站立。"白象也很谨慎地照做。围观的民众看了，热烈地为白象鼓掌、喝彩！国王愈看，心里愈不平衡，就对驯象

师说："它能把后脚也缩起，全身悬空吗？"

这时，驯象师悄悄地对白象说："国王存心要你的命，我们在这里会很危险。你就腾空飞到对面的悬崖吧。"不可思议的是这头白象竟然真的把后脚悬空飞起来，载着驯象师飞越悬崖，进入波罗奈国。

波罗奈国的人民看到白象飞来，全城都欢呼了起来。国王很高兴地问驯象师："你从哪儿来？为何会骑着白象来到我的国家？"

驯象师便将经过一一告诉国王。国王听完之后，叹道："人为何要与一头象计较、嫉妒呢？"

如果别人的嫉妒能把你打倒，这说明你虽然可能是优秀的，却不是最优秀的，在意志上更算不上优秀。

嫉妒是对别人的行为感到不满的一种思维方式。它产生于自信的缺乏，因为它是由别人引导的活动。嫉妒会导致任何情绪上的低落，但真正自信自爱的人，并不会嫉妒，更不会允许嫉妒让自己心烦意乱。

迈克尔·乔丹是驰名世界的篮球明星，他在篮球场上的高超技艺举世公认，而他待人处世方面的品格更为人称道。皮彭是公牛队最有希望超越乔丹的新秀，但乔丹没有把队友当作自己最危险的对手而嫉妒，反而处处加以赞扬、鼓励。

为了使芝加哥公牛队连续夺取冠军，乔丹意识到必须推倒"乔丹偶像"以证明"公牛队"不等于"乔丹队"，1个人绝对胜不了5个人。一次，乔丹问皮彭："咱俩3分球谁投得好？""你！""不，是你！"乔丹十分肯定。乔丹投3分球的成功率是28.6%，而皮彭是26.4%，但乔丹对别人解释说："皮彭投3分球动作规范自然，在这方面他很有天赋，以后还会更好，而我投3分球还有许多弱点！"乔丹还告诉皮彭，自己扣篮时多用右手，或习惯用左手帮一下，而皮彭双手都行，用左手更好一些，这一细节连皮彭自己都没有注意到。乔丹把比他小3岁的皮彭视为亲兄弟："每回看他打得好，我就特别高兴，反之则很难受。"乔丹的话语中流露着他们之间的情谊。

正是乔丹这种无私的慷慨，树立起了全体队员的信心并增强了凝聚力，取得了一场又一场胜利。1991年6月，美国职业篮球联赛的决战中，皮彭独得 33 分，超越乔丹 3 分，成为公牛队这个时期的 17 场比赛得分首次超过乔丹的球员，这是皮彭的胜利，也是乔丹的胜利，更是公牛队的胜利。

嫉妒往往是个人才能与意志缺乏的体现，伏尔泰说："凡缺乏才能和意志的人，最易产生嫉妒。"因为自己技不如人，就只能用嫉妒的心理去排解心中的不平。一旦任嫉妒心理自由发展，你就会疏远那些各方面比自己强的人，到头来不仅孤立了自己，而且也会阻碍自己的前进。

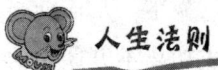

人生法则

> 拜伦说过："爱我的我报以叹息，恨我的我置之一笑。"人生在世，一定要有一颗平静和睦的心，切不可心怀嫉妒。俗话说："己欲立而立人，己欲达而达人。"别人有所成就，我们不要心存嫉妒，应该要平静地看待别人所取得的成功，这才是与人交往的秘诀。

学会与人合作

合作就是团结互助，由于竞争成为日常生活各个领域中一种无处不在的现象，团结互助就显得尤为重要。当今竞争的社会更需要合作精神。事实上，纵观古今中外，凡是在事业上成功的人士都是善于合作的人。

李嘉诚的名字在海内外已经家喻户晓、妇孺皆知。分析他成功的一生，助他走向辉煌的因素有很多，但其中一个主要的原因就是他善于合作，善于和各类竞争高手团结协作。在他的麾下，聚集着这样一群人：

霍建宁，毕业于香港大学，后去美国留学，1979 年学成归来被李嘉诚收归长江实业集团，出任会计主任。1985 年被委任为长江实业董事。他有着非凡的金融头脑和杰出的数字处理能力。

周千和，20 世纪 50 年代初期就追随李嘉诚，是与李嘉诚先生南征北战多年的创业者，他勤劳肯干，真诚待人，为人处世严谨精明。

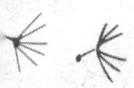

周年茂，周千和的儿子，曾在英国攻读法律，对各项法律条文了如指掌，是经营房地产的能手，属书生型人才，被李嘉诚指定为长江实业发言人。

洪小莲，20世纪60年代末期起就是李嘉诚的秘书，跟随李嘉诚20余年，为李嘉诚立下了汗马功劳。她精明强干、雷厉风行，颇有"女强人"之风。

上述四员大将均属创业奇才，李嘉诚把他们拢在自己帐下，从而使自己成为一个真正拥有人才的大老板。因为他深深明白，成功离不开团结协作。今日这种经济竞争，说到底更是一种人才的竞争。如果拥有了各种人才，并诱导他们贡献自身的努力和聪明才智，就能在竞争中取胜。

李嘉诚还采取"古为今用，洋为中用"的方针，把团结协作运用得淋漓尽致。为了避免东方式的家庭化的企业管理模式，他在20世纪60年代就开始大胆启用洋人。他聘请了一位美国人Poul Lvons做经理，由他配合原来的基层管理人员实行企业的国际化管理。到了80年代，他又大胆启用了英国人马世民。马世民聪明好学，积累了大量融合东西方企业管理精华的管理经验，是个难得的人才。当时，虽然马世民还名不见经传，但李嘉诚却提升他做了和记黄浦董事兼总经理。

由李嘉诚一手构建的这个拥有一流专业水准和超前意识、组织严密的"内阁"，在激烈的经济竞争中发挥了巨大的作用。可以说，李嘉诚财团之所以能够成为跨国财团，和他周围那些能干的中国人、外国人是分不开的。尤其是李嘉诚大胆启用的那些外国人，在帮助他冲出亚洲、走向世界方面既充当了"大使"，又充当了冲锋陷阵的"士卒"。正如一家评论杂志所称道的："李嘉诚这个'内阁'，既结合了老、中、青的优点，又兼备了中西方色彩，是一个行之有效的合作模式。"

如今，李氏王国的业务包括房地产、通讯、能源、货柜码头、零售、财务投资及电力等，十分广泛。试想，如果李嘉诚先生不与他人合作，仅靠一个人的力量，纵使他有三头六臂，也不能创造如此宏大的事业。因此，李嘉诚的成功更确切地说应该是团结协作的成功。

我们的祖先早就认识到了合作的重大作用。古代思想家荀子曾说过一句名言："每一个凡人，其实都可以成为伟大的禹。"凡人成为伟人的条件是什么呢？就是团结协作。汉高祖刘邦在定天下以后，设宴款待群臣。席间，他对群臣说："运筹帷幄，决胜千里之外，朕不如张良。治国、爱民和用兵，萧何都有万全的计策，朕也不及萧何。统帅百万大军，百战百胜，是韩信的专长，朕也甘拜下风。但是，朕懂得与这三位天下人杰合作，所以朕能得到天下。反观项羽，连唯一的贤臣范增都团结不了，这才是他失败的原因。"

一个人的能力总是有限的，只有善于与人合作的人，才能够弥补自己能力的不足，才能达到原本达不到的目的。

从前有一个驴夫，赶着一头驴和一匹骡子，这两只牲口身上都背着很重的东西。那驴子在平路上行走的时候，还不觉得怎样，到了山间陡峭的小路上时，就觉得非常吃力，便请求骡子替它分担一小部分。但骡子理也不理。不久，驴子筋疲力尽，累死在路上。在这荒山僻野，驴夫没有别的办法，只好把驴子所背的东西都加在骡子身上。骡子叫苦连天，懊悔莫及，它说："我该受罪，如果在驴子求我时我能稍微帮助它一下，我现在也不至于背着全部东西，压得喘不过气来。"

这个故事说明了互助合作精神的重要性。与人共事，切记"助人即自助"。自私是互助的最大敌人。

从前，有两个饥饿的人得到了一位长者的恩赐：一根渔竿和一篓鲜活硕大的鱼。其中，一个人要了一篓鱼，另一个人要了一根渔竿，于是他们分道扬镳了。得到鱼的人原地就用干柴搭起篝火煮起了鱼，他狼吞虎咽，还没有品出鲜鱼的肉香，转瞬间，连鱼带汤就被他吃了个精光。吃完鱼后，他又没有什么办法维持生活了，不久，他便饿死在空空的鱼篓旁。另一个人则提着渔竿继续忍饥挨饿，一步一步艰难地向海边走去，可当他看到不远处那片蔚蓝色的海洋时，他最后的一点力气也使完了，只能眼巴巴地带着无尽的遗憾撒手离开了人间。

又有两个饥饿的人，他们同样得到了长者恩赐的一根渔竿和一篓鱼。只是他们并没有各奔东西，而是商定共同去找寻大海，他俩每次只煮一条鱼。经过了遥远的跋涉，终于来到了海边。从此，两人开始了捕鱼为生的日子，几年后，他们盖起了房子，有了各自的家庭、子女，有了自己建造的渔船，过上了幸福安康的生活。

这是一个活生生的合作才能生存的例子。在现实里，或许你掌握了生产某个产品的关键技术，他掌握着这个产品的原材料，在这个时候，两个人想发展的最好方式就只有合作了。如果都想独自发展的话，结果可能就是都无法壮大起来。与别人合作才能让你成功，千万不要小看与他人合作的力量。

很久以前，一位希腊国的国王有三个儿子。这三个小伙子个个都很有本领，难分上下。可是他们自恃本领高强，都不把别人放在眼里，认为只有自己最有才能。平时三个儿子常常明争暗斗，见面就互相讥讽，在背后也总爱说对方的坏话。

国王见到儿子们如此互不相容，很是担心，他明白敌人很容易利用这种不睦的局面来乘机击破，那样一来国家的安危就悬于一线了。国王一天天衰老，他明白自己在位的日子不会很久了。可是自己死后，儿子们怎么办呢？究竟用什么办法才能让他们懂得要团结起来呢？

一天，久病在床的国王预感到死神就要降临了。他也终于有了主意。他把儿子们召集到病榻跟前，吩咐他们说："你们每个人都放一支箭在地上。"儿子们不知何故，但还是照办了。国王又对大儿子说："你随便拾一支箭折断它。"大王子捡起身边的一支箭，稍一用力箭就断了。国王又说："现在你把剩下的两支箭全都拾起来，把它们捆在一起，再试着折断。"大王子抓住箭捆，折腾得满头大汗，始终也没能将箭捆折断。

这时国王语重心长地说道："你们都看得很明白了，一支箭，轻轻一折就断了，可是合在一起的时候，就怎么也折不断。你们兄弟也是如此，如果互相斗气，单独行动，很容易遭到失败，只有三个人联合起来，齐心协力，才会产生无比巨大的力量，战胜一切，保障国家的安全。这就是团结的力量啊！"

儿子们终于领悟了父亲的良苦用心，国王见儿子们真的懂了，欣慰地点了下头，闭上眼睛安然去世了。

折箭的道理告诉我们：合作就是力量。"人以群居，物以类聚"，如果将组织看作是一个完整的人体，团队便是构成人体的各类系统，如消化系统、循环系统等，个人则是组织或团队的最基本的细胞。否定个体，整体就不复存在；否定整体，个体便无意义。

 **人生法则**

> 舍弃与人合作，难以做大人生局面。所以，我们一定要注意：做事切不可独断专行，万事全包。在日常生活和学习中，在自己与他人之间只要互相支持，分工协作，齐心协力，就会赢得最终的胜利。

用微笑拉近彼此的距离

有句谚语说得好："微笑是两个人之间最短的距离。人际交往中离不开笑，一个没有笑的世界简直就是一个人间地狱。"

我们无法完全改变自己的容貌，但是我们可以选择用微笑来装点自己，因为微笑就是一种最容易为人所接受的礼物。

其实，微笑最简单不过了，动一动脸部的肌肉就行了，但却有着不可估量的价值，明白了这一点，你就不会对为什么国外某些大百货商店宁可雇佣一个小学未毕业但有一个可爱微笑的女职员，而不雇佣一个面孔冷漠的哲学博士等这类事件而惊讶不已。

每个人对自己的容貌都有个大致的印象，因此要设计一个符合自身气质和特点的形象，才能够吸引他人的注意力。那么，一个人脸上到底是什么使得你讨厌或喜欢他呢？人们对这个问题回答不一，但90%的人会告诉你，他们首先是被一个人的微笑吸引住的。然而，我们还是不要忘记，世上有各式各样的微笑。有虚情假意"交际"式的微笑，就像水龙头一样能够随意开关；有常常为掩盖不愉快或不自在的心情而勉强摆出的微笑；也有真诚、热情、感激的微笑，这种微笑会得到周围人的欢迎和信任。当然，

也只有这种真诚的微笑才永远对我们有益。这种微笑意味深长，要培养这种正确的微笑并不十分困难。如果你能养成一种习惯，常常畅想生活中美好的东西并且只记住美好的经历，那么这些想法就会自然而然地反映在你的脸上。

微笑能给人以温暖，令人愉悦和舒畅。如夸赞某家商场服务态度好，能热情为顾客服务，这时，在人们的脑海里，定会映出服务员真挚、热情的笑脸，这美好的形象会让顾客难以忘怀。于是，便带来了许许多多顾客的再次光临。

其次，微笑能打破僵局，解除人的心理戒备。人际交往的障碍之一就是戒备心理，尤其在一些重要的交际场合，人们的心理防线就筑得更加牢固，生怕由于出言不慎带来麻烦，有的人甚至是一言不发，有的人尽量少说话，这样，沟通就出现了障碍，很多交际场合出现了僵局。在这种情况下，微笑可以作为主动交往的敲门砖，拆去对方的心理防线，使之对自己产生信任和好感，随之进入交往状态。另外，上级在做下级思想工作时，多数下级都抱着一种戒备心理，防备上级，甚至产生一种抵触情绪。这时，上级就不能板着脸训斥下级，而是要面带微笑，鼓励下级把心里话说出来，这样才能彼此沟通，达到思想教育的目的。发自内心的真诚的微笑是一个人人格、品德的最好证明，常常能在瞬间起到消除戒备和成见的作用。

再次，微笑可以表示对他人的尊重和友好。每个人在交往中都希望得到尊重，能被对方友好地对待，而这种友善的态度，除了通过交往双方的话语表达出来之外，那就是挂在双方脸上真诚的微笑了。不管是初次相见的人，还是彼此熟悉的人，都想从对方脸上看到这种表情。

微笑表示我喜欢你，很高兴见到你，使我快乐的是你。微笑不需要花费什么，但却能得到意外的收获，使那些接受微笑的人获得心理满足。微笑能创造出家庭的和睦，增加人与人之间的感情。一个会心的微笑，不管何时何地都可以令对方产生亲切感，让对方主动放弃心理防线，创造良好的交往开端，建立良好的人际关系。

林肯总统的顾问向林肯推荐了一位内阁候选人，林肯总统见过这个人以后拒绝了。问及理由时，林肯答道："我不喜欢此人的脸。""但这可怜的人对自己的长相是不能负责的啊!"顾问坚持道。林肯说道:"每个40岁开外的人,都应该对自己的脸负责。"于是,这项提议被弃置一边了。

这似乎非常不合情理,难道一个人的脸长得不合总统的胃口就不能为国家做事情吗?林肯当然不是这个意思,他说的话不妨作这样的解释:在世上生活了40年的人,应该有许许多多东西在他脸上反映出来——他的欢乐、悲哀、失误,还有生活中经历的风雨、痛苦、孤独和失望的感情,还有战胜困难的意志。这些都能够通过人的容貌展现出来。

有一个老先生,得了病,头痛、背痛、茶饭无味、萎靡不振。他吃了很多药,但都不管用。这天听说来了一位著名的中医,他就去看病。名医望、闻、问一番后,给他开了一张方子,让老先生去按方抓药。老先生来到药铺,给卖药的师傅递上方子。师傅接过一看,哈哈大笑,说这方子是治妇科病的,名医犯糊涂了吧?老先生赶忙去找医生,医生却出门了,说要一个多月才能回来。老先生只好揣起方子回家。回家路上,他想糊涂医生开糊涂方,自己竟得了一种内分泌失调的妇女病,禁不住哈哈乐起来。这以后,每当想起这件事,老先生就忍不住要笑。他把这事说给家人和朋友,大家也都忍不住乐了。一个月后,老先生去找医生,笑呵呵地告诉医生方子开错了。医生此时笑着说,这是他故意开错的。老先生是肝气郁结,引起精神抑郁及其他病症,而笑则是他给老先生开的"特效方"。老先生这才恍然大悟。这一个月,老先生光顾着笑了,什么药也没吃,身体却好了。

看到了吗?笑,对一个人的生活有着多么大的影响。它关系着我们的健康、我们的心情、我们与他人的沟通、我们事业的成败、我们生命的意义。

人生法则

只要你会运用微笑,真正地把上帝赋予人类的一项特权展示出来,不仅有助于缩短人与人之间的距离,同时也为你做人做事打开了通畅的大门。

别让自己成为"孤岛"

做一个有涵养的说话者

言语精炼，往往能一语中的，使听者在较短的时间里获得较多的信息；一语道破，使对方为之震动，幡然醒悟，从而可以快速地达到我们想要的目的。

批评的艺术

批评是能使人更加成熟和完美的良方，是使人成功的阶梯。从批评中可以认识到自己的缺点、错误，从而修正自己的言行、思想，慢慢形成自己正确的处世方法和对待生活的态度，而若视别人对你批评为对自己的讽刺、打击，一听就如坐针毡、暴跳如雷，则无论如何也是无法进步的了。

从前，郭国的国君出逃在外，他对为他驾车的人说："我渴了，想喝水。"车夫把清酒献上。又说："我饿了，想吃东西。"车夫又送上干肉和干粮。

郭君问："你怎么准备的？"

车夫回答："我储存的。"

又问："你为什么要存这些东西？"

车夫又回答："为您出逃路上充饥解渴呀！"

又问："你知道我将要出逃吗？"

车夫说："是的。"

又问："那你为什么不事先提醒我呢？"

车夫回答说："因为您喜欢别人说奉承话，却讨厌人家说真话。我想过规劝您，又怕自己比郭国灭亡得更早，所以我没有劝您。"

郭君一听变了脸色，生气地问："我所以落到出逃的地步，到底是为什么呢？"

车夫见状，连忙转变了话题，说："您流落在外，是因为您太有德了。"

郭君听后又问："有德之人却不被国人收留而流落在外，这是为什么呢？"

车夫回答说："天下没有有德之人，只有您一个人有德，所以才出逃在外啊！"

郭君听后喜不自禁，趴在车前横木上笑起来，说："哎呀，有德之人怎么受这等苦哇？"他觉得周身劳累，就枕着车夫的腿睡着了。

车夫用干粮垫在郭君头下，自己悄悄地走了。后来，郭君死在田野里，被虎狼吃掉了。

郭君在穷途末路之时，仍不能体会对自己忠心耿耿的车夫的一片赤诚之心，仍改不掉喜欢听奉承话的毛病，由此可知，他的失败不是偶然的了。

不过有良苦的用心还需有良苦用心的表现，让对方知道批评者实际是打心眼里欣赏自己，喜欢自己，支持自己，或是为了自己着想的等等，才能让对方心悦诚服地接受批评。所以批评者首先就要考虑，该批评是否是于对方有益的，能否让被批评者相信按照批评语的要求改进之后，于自身有益。不能诱之以"利益"的批评，这会使被批评的人觉得自己改正行为是为了批评者的利益，于是对批评会有更多的抵触情绪，使原本的一片好心也因方法不当而遭人误会。

就心理学而言，一个批评与被批评的过程是批评者与被批评者在思想、感情上的相互交流与认同的过程。人在批评过程中越是尊重、理解对方的处境，就越能够获得对方对自己批评意见的重视与接受。在发表批评意见中，尊重使人懂得爱护别人的自尊心，维护其面子，不出语伤人，不逞口舌之快；理解使人学会设身处地地去替别人思考问题，讲话不自以为是，不强加于人。在接受批评意见中，尊重使人竭力认同别人批评意见中的有益部分，并予以积极的肯定。人们越是能够尊重理解人，就能越能够冷静、客观地面对别人的批评意见。从此意义上讲，尊重、理解是使忠言不逆耳，闻过不动怒的转化条件。

做一个有涵养的说话者

师经是魏国宫廷里的一位琴师，经常给魏文侯弹琴。

一天，师经弹琴，魏文侯随着乐曲跳起了舞，并且高声说道："我的话别人不能违背。"于是师经拿起琴去打魏文侯，没有打中，却把帽子上的穗子撞断了。文侯问手下人说："身为人臣却去打他的国君，应该处以什么样的刑罚？"

文侯手下的人说："应该烧死他。"于是把师经带到堂下的台阶上等候。

师经说："我想在死之前说一句话，可以吗？"

文侯说："可以。"

师经说："以前尧舜作国君时，只怕他讲的话没有人反对；桀纣作国君时，只怕他讲的话遭到别人的反对。我打的是桀纣，不是我的国君。"

文侯听后，说："放了他吧！这是我的过错。把琴挂在城门上，用它做我的符信；不要修补帽子上的穗子，用它来时常告诫我自己。"

正是师经从文侯的长久统治来考虑，批评文侯不该学桀纣独断专行；而文侯也从批评中听出这是师经对自己的忠心与关怀，所以才能最终将逆耳忠言接纳下来，并免了师经的死罪。

晏子是齐国一位善谏的大臣。晏子死了17年后，齐景公有一次请大夫们喝酒。景公射箭射到了靶子外面，满屋子的人却众口一词地称赞他。景公听后变了脸色，并叹了口气，把弓丢在一旁。

这时，弦章进来了。景公说："弦章，自从我失去晏子到现在已经有17年了，从来没有听到别人对我过失的批评。今天我射箭到了靶子外，他们却众口一词赞美我。"

弦章说："这是那些大臣的不好。他们本身素质不高，所以看不到国君哪些地方不好；他们勇气不够，所以不敢冒犯国君的尊严。但是，您应该注意一点，我听说：'国君喜欢的衣服，那么大臣就会拿来替他穿上；国君喜欢的食物，大臣就会送给他吃。'像尺蠖这种虫子，吃了黄颜色的东西，它的身体就要变黄，吃了绿颜色的东西，它的身体就要变绿，作为国君大概总会有人说奉承话吧！"

弦章的话在景公听来颇有道理，明白了奉承者不过是投自己所好，如果自己对奉承话深恶痛绝的话，就很少会有人来自讨苦吃了。弦章虽未直接进一步批评景公喜欢听奉承话才造成如此局面，但景公已深刻领悟到了这一点，事实上，若弦章再画蛇添足地批评景公一番，效果反而不会有仅点到为止好。

当人们发表批评意见时，还要注意不要滔滔不绝讲个不停，使当事人没有时间与机会来思考你所提出的意见。这种言语啰唆的行为，不仅冲淡了主题，而且也是对当事人不尊重的表现，是值得人们重视的。

在心理咨询当中，咨询者常常在讲话中有意地停顿几秒钟，以观察对方是否有话要说。同时，他还会不断地运用沉默来暗示对方思考自己讲过的话，并提出问题。这种手段不仅给来咨询者以充分说话和思考的机会，还可促进咨询者与来询者之间的相互共鸣和理解。

批评的艺术还在于言语简明扼要，给人以丰富的联想。反之，话讲得多了，会起到相反的作用，对方会对你产生反感，反倒产生事与愿违的结果。这就是"物极必反"的道理。

发表批评意见，还应忌扩大事端，将一些不相关的事情也扯进来，使得当事人越听越不耐烦，增加其对批评的抵触情绪，特别是对于要面子的人，在发表批评意见时不断扩大批评范围，无疑是逼他不认同批评意见。

另外，一个过错进行一次批评。要想对一个已知过错引起注意，一次提醒就足够了。批评两次完全没有必要，再一次就成了唠叨了。如果总把过去的错误翻出来并不停唠唠叨叨，对于批评者来说完全是愚蠢和无效的。

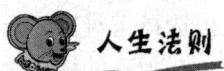

人生法则

批评人，话不在多，而在精妙，所谓"言贵精当"。言语精炼，往往能一语中的，使听者在较短的时间里获得较多的信息；一语道破，使对方为之震动，幡然醒悟。如果拖泥带水，东扯西扯，反而使人不得要领，让人云里雾里，不知所云，甚至产生急躁情绪，也就达不到批评的目的了。

做一个有涵养的说话者

送"高帽子"的艺术

有一天早晨，苏格兰都柏林的一位牙医里奇·费伦特接待了一位新的病人，当这位病人指出她用的漱口杯、托盘不干净时，他真的震惊极了。不错，她用的是纸杯，而不是托盘，但生锈的设备，显然表示他的职业水准是不够的。

当这位病人走了之后，费伦特医生关了私人诊所，写了一封信给阿格尼丝——一位女佣，她一个礼拜来打扫两次。他是这样写的：

"亲爱的阿格尼丝！

最近很少看到你。我想我该抽点时间，为你做的清洁工作致意。顺便一提的是，每周2小时，时间并不算少。假如你愿意，请随时来工作半个小时，做些你认为应该经常做的事，像清理漱口杯、托盘等等。当然，我也会为这额外的服务付钱的。"

第二天，他走进办公室时，他的桌子和椅子，被擦得几乎跟镜子一样亮，他几乎从上面滑了下去。当他进了诊疗室后，看到从未见过的非常干净、光亮的铬制杯托放在储存器里。面对工作不力的女佣，费伦特医生可以指责她，但这样做只会引起她的怨愤，当然，医生也可以另请一名女佣，但新女佣也未必会比阿格尼丝做得更好。于是费伦特医生选择送对方一顶"高帽"，为了这个小小的赞美，女佣工作得更加卖力认真，那么，她用了多少额外时间呢？一点都没有。

要注意的是，给人戴"高帽"也不是轻而易举的事，所谓的"拍马屁"、"阿谀"、"谄媚"，都是技艺拙劣的高帽工厂加工的伪劣产品，因为它们不符合赞美和恭维的标准。

高帽尽管好，可尺寸也得合乎规格才行。滥做过重的高帽是不明智的。赞扬招致荣誉心，荣誉心产生满足感，但人们发现你言过其实时，常常因此感到他们受到了愚弄。所以宁肯不去恭维，也不宜夸张无度。

某公司有位 A 女士，漂亮且聪明，而且嘴巴很甜。她的上司非常爱漂亮，又会搭配衣服，稍一动手，就变出很多看似一套套的新衣服。而那位甜嘴巴的女士，却成为了这位上司的苦恼。因为，每天早上一到公司，对方那种令人不舒服的赞美就涌入耳中，"哇噻！经理！又买了一套新衣服，对不对？颜色好漂亮喔！穿在您身上就是不一样。"隔天一见面，又来了："看看看！又一套了，很贵喔？还有项链、耳环，也是新的吧？我就缺这个本事，不会像您如此会打扮。"不仅如此，她还当着客户恭维上司，说辞几乎都是："在我们经理英明的带领之下，我才有今天的成绩，好多人都问我跟我们经理多久了？其实也没多久啦，但是大人大度，肯教我嘛！对不对？"

上司终于被她的过分恭维及不真诚的眼神弄烦了，只好告诉她："不是你没看过的就是新衣服，我的衣服有的五六年了，只是保养得好，配来配去就不一样啦！你一嚷嚷，人家以为我多浪费，怎么天天买新衣，以后请别再说我的衣服啦！"这位甜姐给上司送的高帽就很不得法，首先内容千篇一律、毫无新意，其次她的赞美给人的感觉就是不真诚。触犯了这两条送"高帽"的大忌，她的领导会喜欢才怪。

那么怎样才能完美地送出赞语呢？

一是赞美要有独到之处，赞美战术是人们经常使用的，针对某个特定的人，可能有一些赞美是他经常听到的。这些赞美往往是针对他的最突出、最明显的特点的，如外表看来比实际年龄更年轻、漂亮英俊、气质不凡等等，这些赞美之辞，对他而言已听到很多次，已成习惯，再听到同样的赞美，其效果会遵循报酬递减定律，最后被他解释为常规的交往程序，而不再具有特定的意义，甚至还会认为你对他没有更深入的了解。

因而，要把赞美的效果推向极致，你应该尽可能使自己对对方的赞美新颖些，与对方经常听到的赞美有所不同。新颖的事物总是优先引起人的注意，这时的赞美才能真正起作用。但既强调赞美的真诚基础，又要尽量新颖，这就需要你细心观察对方，深刻了解对方，赞美的内容由外及内，发现他不易为人发现的优点。这种发现显然需在大量的、深刻的交往中才能完成。

还有，赞美不可过多过滥，在一段时间里，你对同一个人赞美的次数越多，那么赞美的作用力也就越低。比如故事中的A女士，她不停地赞美上司，她的赞美起不到应有的效果，反而会让人觉得肉麻。因而，尽管人们需要赞

美，但赞美不能毫不吝啬地随便给予。如果你过于频繁地赞美某人，你极可能被对方误解为以虚誉钓人的献媚者，甚至对你产生警惕、反感。

社会心理学家阿伦森的人际吸引水平变化规律说明，我们总是喜欢那些对自己的赞美不断增加的人，将自始至终都赞美自己的人和起初贬低自己但逐渐发展到赞美自己的人相比，我们更喜欢后者。强调要注意赞美的频率，也就是说要慎重地给予赞美。

最后一点就是赞美最好间接送，罗斯福的一个副官，名叫布德，他对颂扬和恭维，曾有过出色而有益的见解：背后颂扬别人的优点，比当面恭维更为有效。

这是一种至高的技巧，在人背后称扬人，在各种恭维的方法中，要算是最使人高兴的，也最有效果的了。

如果有人告诉我们，某某人在我们背后说了许多关于我们的好话，我们会不高兴吗？这种赞语，如果当着我们的面说给我们听，或许反而会使我们感到虚假，或者疑心他不是诚心的，为什么间接听来的便觉得悦耳呢？因为那是赞语。

德国的铁血宰相俾斯麦，为了拉拢一个敌视他的属员，便有计划地对别人赞扬这部属，他知道那些人听了以后，一定会把他说的话传给那个部属。

 **人生法则**

> 赞美别人，最重要的是让人乐于相信和接受。所以在送人赞语时要多动动脑子，把"高帽子"弄得过白过滥，俗不可耐，不但会糟蹋自己，也会让别人倒足胃口。

学会说"不"

"不"这个字好写，音节也简单，但拿到人与人之间，却很不容易说出口。很多老实人或因为感情因素，或因为个性关系，或因为时势所迫，无法把"不"说出来，因而吃了大亏。

有这样一个人，朋友向他借钱，他总是无法拒绝，怕说了"不"伤了对方，更怕说了"不"与对方日后出现隔膜。他的朋友们深知他的老实，手头紧时就向他开口，当然有借有还的占大部分，但有借无还的也有人在。小钱不还倒也无所谓，可有一天，有人向他借一大笔钱，说是要开店，这个人又无法说"不"，结果那人并没有开店，钱拿了，人也不见了。

一个人如果没有勇气说"不"，往往就会变成这种情形：软土深掘，得寸进尺。别人常常要求他、拜托他——当然他并不一定会有损失，但造成损失的可能性相当高；而最重要的是他无法说"不"，最后会越来越难以说出口，而一旦说出口，常常就造成很大的损失。

该说"不"时，就要勇敢地说"不"。

不过在什么情况之下说"不"，这才是问题所在，因为如果每天每件事都把"不"挂在嘴边，那么也就无法在人群中立足了。

不妨先从"心"来考虑。也就是说，当有人要向你借钱或要求你做某件事时，你要先问你自己——我愿不愿意？而不是从利害来考量。如果你愿意，赴汤蹈火，肝脑涂地，相信你也不在乎，也不会后悔的；如果你根本不愿意，那么就不必勉强自己，一昧勉强自己，你就不会快乐，每天活在"当时为什么不拒绝"的悔恨当中。也许你本身并没什么损失，但因违背了自己的心意，这件事反而成为你的负担。

因此，当你不愿意时，就要勇敢地说"不"！

不过，说"不"也不是那么简单，而是需要技巧的，因为会要求你、拜托你的，大多是身边的亲朋同事，如果技巧不好，很容易就破坏了彼此的关系。

技巧因各人不同而不同，不过也有一些原则可循：

尽量委婉、平和，说明你要说"不"的原因，让对方有台阶下，也不致伤了和气。如果可能，迂回一点讲也可以，而不直接说"不"，对方如果不是白痴，应可听懂你的弦外之音，这是"软钉子"，而不是"硬钉子"。同时为了说"不"，也可以说些谎话。

不过，说"不"要学习，可以先从小事学起，久而久之，便可掌握分寸，不会脸红脖子粗，让人一见就知道你的"不"并不坚定。此外，还可把自己塑造成有原则的人，那么一些无谓的要求、拜托就不会降临到你身

上。当然，一切还是要先看你"愿不愿意"。

既要把"不"字说出口，又能赢得别人的宽容和体谅，和他人保持良好的人际关系，实非易事。敢于说"不"，诚然不易，而善于说"不"，则更加难得。所以给拒绝找一个适当的方式，确实是一门艺术。

拒绝的方式多种多样，可以因人因事灵活运用。

面对某些人的无理取闹，特别是面对时弊陋习，务必旗帜鲜明，断然予以拒绝。

记得钱钟书老人曾针对时下流行的祝寿、纪念会和某些所谓学术讨论会，将其一概拒之门外，而且毫不客气地一连说出七个"不"："不必花些不明不白的钱，找一些不三不四的人，说些不痛不痒的话。"钱老夫子绝不媚俗，该拒则拒，绝不留情。

对于那些懂得自尊，无奈时才偶尔相求但又求得有点出格的人，拒绝则宜委婉，莫伤面子，避免尴尬。

曾有位女士对林肯说："总统先生，你必须给我一张授衔令，委任我儿子为上校。"

林肯看了她一下，女士继续说："我提出这一要求并不是在求你开恩，而是我有权利这样做。因为我祖父在列克星敦打过仗，我叔父是布拉斯堡战役中唯一没有逃跑的士兵，我父亲在新奥尔良作过战，我丈夫战死在蒙特雷。"

林肯仔细听过后说："夫人，我想你一家为报效国家，已经做得够多了，现在是把这样的机会让给别人的时候了。"

这位女士本意是恳求林肯看在其家人功劳的分上，为其儿子授衔。林肯当然明白对方的意思，他只是在装糊涂。

恰到好处的拒绝既有利于自己，也有利于别人。无论是在生活还是在工作中，你不可能什么事情、什么情况下都能满足对方的要求。有些人经常在该说"不"的时候没有说"不"，结果到头来既害己，又害人，将人际关系弄糟。

敢于说"不"，善于说"不"，这是为人处世不可或缺的学问。

在日常生活中，每个人都会有过向别人提出要求，而被人直接拒绝的感受，那种感受的确不好。然而，人生就是需要不断地说服他人，以寻求合作；反过来也可以说成是，人生不断地遭到拒绝和拒绝他人。如果把拒绝的话说得八面玲珑，可以使自己不必陷入两面为难的状态；相反，如果说得不好，可能就会导致被人嫉恨等负面影响。这就需要掌握一些拒绝他人的技巧。

在拒绝他人时，关键要态度和蔼。不要在他人刚开口要求时，就断然拒绝他；不要对他人的请求迅速采取反驳的态度，或流露出不高兴的表情，或者去藐视对方，坚持永不会妥协的态度等，这都是不妥当的方式。应该以和蔼可亲的态度诚恳应对，用别人可以接受的方式。

拒绝对方时，要明确说出事实。要据实言明，不要采取模棱两可的说法，这样会导致对方摸不清你的真正意思，而产生许多误会，这就容易使彼此之间产生一种隔膜，关系会越来越淡。

拒绝时，千万不要伤害对方的自尊心。特别是对你有过帮助的人来拜访你，要你帮他做事。为了情面，这的确是非常难以拒绝的。不过，只要你能表示出尊重对方的意愿，率直地讲出自己的难处，相信对方也会理解你，谅解你。

拒绝对方，也要给对方留一个退路，留一个台阶下，也就是说要给对方留面子，要能让他自己下台阶。你必须自始至终耐心地听对方把话说完，当你完全听完对方的话后，心里有了主意时，再来说服对方，就不会使对方难堪了。

有时拒绝，不能把话完全说死，可能每个人都会遇到某个异性当面向你表示爱意，如果你又不乐意接受其爱意，就可用拖延法说"不"。他邀你跳舞，你可以这样回答："以后吧，有时间我会约你的。"

特别是在商界交际中，要让对方明白，这次虽拒绝，但还有下次机会。

在拒绝人时，如果自己很有把握可以拒绝对方，只管与对方面对面相坐。如果要拒绝的是一个"难缠"的人，拒绝他时，最好不要和他视线直接接触，选择位置时要以斜、横为佳。当你知道怎样选择地点来拒绝对方时，你还要注意到时机问题。有时候，拖延一段时间，选择一个好机会，再予以拒绝，会使得原来紧张的局面完全改观，这也是一种拒绝人的技巧。

如果在社交场合，你需要拒绝人时，不妨用下列方法试一试。

有意推托。如"我转告她一声倒是可以，就是怕她误会了，还是你直

做一个有涵养的说话者

接同她说为好"，"这件事由我出面恐怕不太好吧！"

尽量回避。如："哦，是这样呀，我没看清楚"，"我没注意，也不是太清楚。"

故意拖延。如："今晚我还有事，以后再说吧。"

保持沉默。如："嗯，让我再考虑考虑……"

另有选择。如："好是好，不过我更喜欢……我想那个会更好。"

婉言回绝。如："我很理解你的心情，但是这样做，对你我都没有好处。你再仔细想想。"

 **人生法则**

> 微笑而又坚定地说"不"。态度要和气，语言要清晰，立场要坚定。

不妨"幽"他一"默"

农夫和妻子从猪圈里抓出一只猪，准备杀掉它过节。猪说："且慢，你为什么杀我不杀狗？"农夫告诉它："这是上帝给你的惩罚，你只会吃睡，狗却能看家望门。"猪镇静地说："如果是这样那就放了我吧！上帝让我生为猪而不能生为狗，不是已经狠狠地惩罚过我了吗？"农夫被逗得哈哈大笑，回头对妻子说："换一头猪，这头明年再说！"

幽默是人际关系的润滑剂，它以善意的微笑代替抱怨，避免争吵，幽默还能帮助你把许多不可能变为可能，它所产生的效果远胜于咧嘴一笑。

高尚的幽默，可以淡化矛盾，消除误会，使不利的一方摆脱困境。世界幽默大师萧伯纳有一次在街上被一个骑自行车的人撞倒了。肇事者吓得六神无主，惊慌之中连忙向萧翁道歉，然而萧翁却对他说："先生，你比我更不幸，要是你再加点劲儿，那就可作为撞死萧伯纳的好汉而永远名垂史册啦！"一句话使紧张的气氛变得轻松起来。幽默，是社交场合里不可缺少的润滑剂，可以使人们的交往更顺利、更自然、更融洽。

幽默是化解尴尬的一剂灵丹妙药，谈话中突如其来的窘境往往使大家不知所措，但这时只要有一个恰当的幽默，大家就都可以从窘境里摆脱出来。

20 年来，日本的多湖辉一直从事对人们处在尴尬境地时的各种表现的研究。他指出："人们在公开场合被羞辱，通常并不认为是开开玩笑，或者是微不足道的小事。当人的感情受到伤害时，我们中的大多数人会十分愤怒，表现为张口结舌或者满脸通红。但是，我们可以有另一种比较聪明的解决办法，保持沉默，或者设法改变你的处境。"

别花许多的时间为你受到的伤害而烦恼，不要冥思苦想这类"为什么这人要对我如此恶作剧"的问题。也许有些人是故意使你感到窘迫的，因为他们觉得你对他已造成威胁，或者是想惩罚你曾经做过对不起他的事；而另一些人是习惯于开这类玩笑的，他们毫不考虑别人是否受到伤害。对于这类人，没有必要去计较他是否是故意的。

幽默还可以拉近你和他人之间的距离。你有幽默感，你就有亲和力，别人自然而然就愿意和你谈话和交往，因为你的幽默给他们带来了快乐，却不会给他们造成压力。

有一位年轻人刚当上了董事长。上任第一天，他召集公司职员开会。他自我介绍说："我是杰利，是你们的董事长。"然后打趣道，"我生来就是个领导人物，因为我是公司前董事长的儿子。"参加会议的人都笑了，他自己也笑了起来。他以幽默来证明他能以公正的态度来看待自己的地位，并对之具有充满人情味的理解。实际上他委婉地表示了：正因为如此，我更要跟你们一起好好地干，让你们改变对我的看法。

有时我们确实需要以有趣并有效的方式来表达人情味，给人们提供某种关怀、情感和温暖。据说有位律师，他寓所隔壁有个音乐迷，常常把电唱机的音量放大到使人难以忍受的程度。这位律师无法休息，便拿着一把斧子，来到邻居门口。他说："我来修修你的电唱机。"音乐迷吓了一跳，急忙表示抱歉。律师说："该抱歉的是我，你可别到法庭去告我，瞧我把凶器都带来了。"说完两人像朋友一样笑开了。

这位律师并不是想把邻居的电唱机砸坏。他是恰当地表达了对邻居的不满。请注意，是对音响而不是对人，他的行为似乎是对音乐迷说："我们

做一个有涵养的说话者

是朋友，我希望和你好好相处，至于唱机是唱机，可以修理一下。"当然，所谓"修理"只是把唱机的声音开低些罢了。

如果你对自己幽默的手法没有足够的自信，不妨学学孩子式的幽默。即使在60岁以后，我们也经常为孩子们由天真而产生的幽默所感动。他们是真正以坦诚待人，不会隐瞒任何事实。当他们毫不掩饰地道出心里想的或事实真相时，人们一下子就喜欢上他们，跟他们在一起会感到跟任何人在一起都无法感到的轻松、愉快。

有一次，费里斯在家里请几位朋友吃饭。朋友来了，他妻子要他的小女儿向客人说几句欢迎的话。她不愿意，说："我不知道要说些什么话。"这时一位来做客的朋友建议："你听到妈妈说什么，你就说什么好了。"他女儿点点头，说："老天！我为什么要花钱请客？我们的钱都流到哪儿去了？"费里斯的朋友们大笑起来，连他妻子也不好意思地笑了。

这就是孩子式的幽默。他的女儿把母亲的想法以极纯真的方式说了出来，使大人们也不得不认真地检讨一下自己的想法，同时也减轻了我们对金钱方面的忧虑。费里斯从中得到了一点东西：孩子式的幽默能使我们显得格外真诚。

善于理解幽默的人，容易喜欢别人；善于表达幽默的人，容易被他人喜欢。幽默的人易与人保持和睦的关系。现实生活中常常不乏令人碰得头破血流仍然得不到解决的问题，但是，如果来点幽默，却往往会迎刃而解。使同事之间、夫妻之间化干戈为玉帛。幽默还能显示自信，增强成功的信心。信心有时也许比能力更重要。生活的艰难曲折极易使人丧失自信，放弃目标。若以幽默对待挫折，却往往能够重鼓起未来希望的风帆。

人生法则

> 　　幽默感不是每个人天生就有的，它需要你以知识、修养为基础，在社交过程中尽量让自己轻松、洒脱，想办法将话说得机智、逗笑。刚开始这样做的时候，你也许会觉得不自然，但经过不断实践，你就会将幽默运用自如，你也就越来越受欢迎。

委婉含蓄，好好说话

　　我们在日常生活中，对不同的人，不同的事情，都需要采取不同的说话方式。有人不喜欢听直来直去的话，特别是谈一些不高兴或是别人忌讳的事。而换一个角度，委婉含蓄地把话说出来，听者会觉得很受用，让听者思而得其意，而且越揣摩，似乎含义越深、越多，因而也就越有吸收力和感染力。同时对有矛盾和有意见的人说话，还会使矛盾在委婉之中自然而然地化去火力，既不激化矛盾，又能解决矛盾，使人与人之间的关系更加和谐，使自己的说话形象更易于他人接受。

　　一条弯弯曲曲的小径比一览无余的大道更能令人愉快一些，"委婉含蓄"要比"竹筒倒豆子——一吐无余"要高明得多。

　　曲说是指面对某件事情不便直接陈述自己的观点，用婉约含蓄的方式表达出来，这样，既不伤害对方自尊心，又能清楚地表达自己的意思，使自己的说话形象显得更高明。

　　不便直说的话往往是由说话的场合、说话者的身份、说话者的心理状况等决定的。如在古代，臣子看到君王有过失，进谏时，就很注意说话的含蓄。因为君王十分讲究保持至高无上的尊严，如果大臣有损"龙颜"，是要掉脑袋的。

　　传说汉武帝晚年时很希望自己长生不老，一天，他对侍臣东方朔说："相书上说，一个人鼻子下面的'人中'越长，命就越长；'人中'长一寸，能活百岁，不知是真是假？"

　　东方朔听了这话，知道皇上又在做长生不老梦了。皇上见东方朔似有讥讽之意，面有不悦之色，喝道："你怎么敢笑话我？"东方朔回答说："我在笑彭祖的脸太难看了。"

　　汉武帝问："你为什么笑彭祖呢？"

　　东方朔说："据说彭祖活了800岁，如果真像皇上刚才说的，'人中'就有8寸长，那么，他的脸不是有丈把长吗？"

汉武帝听了，也哈哈大笑起来了。

东方朔是聪明的，他用笑彭祖的办法来讥讽汉武帝的荒唐，真有些指桑骂槐的味道。这种含蓄的批评，汉武帝却是愉快地接受了。

在有些特殊的场合下，曲说还可以用来作为隐晦批评的手段，间接地提出意见。《古今谭概》中记载了这样一个故事：

五代十国时期，有个国家叫南唐。官府的税收很重，全国上下怨声载道，但敢怒不敢言。当时，都城金陵连续几年大旱，百姓们的生活更是雪上加霜，度日艰难。一次，南唐皇帝李煜视察国情时见到田地久旱无雨，便问道："为什么外地都下了雨，而偏偏京城不下呢？"这时，群臣中走出一人，姓申名潮高，弯身施礼后答道："雨不敢下到京城里来，因为它也怕被征税。"李煜沉思半晌，然后微微含笑。不久，许多苛捐杂税便被取消了。

我们再来看一则现代故事：

甄妮在大连演出时，对台下观众说："有一种运动，不知大连朋友是否喜欢，先举起你的左手，再举起你的右手，两只手来回……"她一边说一边用手示范鼓掌的动作。没等她说完，台下掌声四起。

一个演员，最喜欢的就是能听到观众的掌声，甄妮的表演还未开始，观众就为她热烈鼓掌，她主要是用曲说，再配以形象化的动作，生动有趣，获得了台下观众的好感。

言有进而意无穷，会让人在绵绵中体会到什么是乐趣。含蓄应答就是含有深意、藏而不露，使回答生动有趣，又闪耀着智慧的光芒。

1947年初，美联社记者罗德里克采访毛泽东，当时正值胡宗南50万大军即将进攻延安。"毛先生，在目前，中国共产主义的前途看来的确令人担忧，将来会怎样呢？请你谈一下。"罗德里克一针见血地问道。毛泽东胸有成竹地笑着说："两年后，我邀请你到北京来探望我。"

在那个关系到整个民族命运的关键时刻，毛泽东没有直接回答自己对时局的看法，也没有什么豪言壮语，却借用了一句普通的邀请客人来访的话语，暗示出自己的预见，显示了一代伟人高瞻远瞩的远大目光和对未来必胜的信念。

某律师嫌房租太高了，要求减低一点，但是他知道房东是一个极固执的人。他说："我写给房东一封信说，等房子合同期满我就不继续住了，但实际上我并不想搬家。假如房租能减低一点我就继续租下去，但恐怕很难，别人住后也曾经交涉过，都没成功。许多人对我说房东是一位很难对付的人。可是我自己心中说：'我正在学习如何待人这一课，所以我将要在他身上试一下，看看有无效果。'

结果，房东接到我的信后，便带着他的租赁契约来找我，我在家亲切招待他。一开始并不说房租太贵，我先说如何喜欢他的房子，请相信我，我确是'真诚的赞美'。我表示佩服他管理这些房产的本领，并且说我真想再续住一年，但是我负担不起房租。

他像从来不曾听见过房客对他这样说话。他简直不知道该怎样处置。随后他对我讲了他的难处，以前有一位房客给他写过 40 封信，有些话简直等于侮辱，又有一位房客恐吓他说，假如他不能让楼上住的一个房客在夜间停止打鼾，就要把房租契约撕碎。他对我说：'有一位像你这样的房客，心里是多么舒服。'然后不等我开口，他就替我减去一点房租。我想能多减点，我说出所能负担的房租数目来，他二话不说就答应了。

临走的时候，他又转身问我房子有没有应该装修的地方。假如我也用其他房客的方法要求他减房租，我敢说肯定也会像别人一样遭到失败。我之所以胜利，全赖这种友好、同情、赞赏的方法。"

与人争论，就如同斗鸡，双方越斗越猛，对解决问题却毫无益处。故事中的律师如果也像其他的房客一样，把房东狠狠地批评一顿再要求减租，结果会怎么样呢？房东一定会反驳律师，说自己的房子有多么好，有多少人等着租赁；两人也会因此闹得不高兴，当然房东绝对不会减去一分钱的租金。幸好律师使用了一种聪明的办法，他先赞美了房东的精明能干，接着又表示了对房子的喜欢，最后再说自己觉得房租太贵，在这个过程中，房东完全对他撤去了戒心，因为两人的谈话始终在一个友好的气氛中进行，没有任何争执。律师得到了他期望的结果——房东减少了租金。

美国总统威尔逊说过："假如你握紧两只拳头来找我，我想我可以告诉你，我会把拳头握得更紧；但假如你找我来，说道：'让我们坐下商谈一番，假如我们之间的意见有不同之处，看看原因何在，主要的症结在什么地方？'

YISHENG ZHONG ZHONGYAO DE 66GE FAZE

我们会觉得彼此的意见相去不是十分远，我们的意见不同之点少、相同之点多，并且只需彼此有耐性、诚意和愿望去接近，我们相处并不是十分难的。"

贝鲁特是一家企业的所得税顾问。有一次，为了一笔关键的8000美元，他和一名政府的税务稽查员争论了两个小时。这8000美元实际是应收账款中的死账，没法收回来，所以不该征所得税。可那位稽查员却执意要收。那位稽查员傲慢、冷酷，而且固执。越和他争执，他就越顽固。

贝鲁特知道这样争执下去，是不会有结果的，于是，他改变了策略，他开始想法称赞这位稽查员，他说这件事比起其他要处理的重要而困难的事情，真是不值一提。贝鲁特说自己对税务问题的研究大多是来自书本上的死知识，而稽查员的工作经验丰富，知识全是实际工作经验的总结。他真羡慕这样的工作，那会学到很多知识。这些话使稽查员在椅子上坐直了，长时间地谈论他的工作，并说起了他的孩子。当时的紧张气氛一下子就缓和了。到临走时，稽查员告诉贝鲁特他要考虑一下这个问题，几天以后再答复。三天后，稽查员给贝鲁特打来了电话，那些所得税，他决定不征了。

在这个例子中，贝鲁特为了达到自己的目的，先后用了两种方法：与人争辩，有话好好说。使用前一种方法时，那位稽查员变得越来越顽固了，而使用后一种方法时，稽查员却被软化了下来，他不再拼命坚持自己的立场，最后贝鲁特取得了成功，稽查员放了他一马。与人交往中，如果你在情绪激动时和人争论一场，你的气也许会随之消失，但你那种挑战的口气、敌意的态度，会使他赞同你的意见吗？如果贝鲁特自认有理，与那个稽查员争论不休的话，那最后可能是另一种结果了。

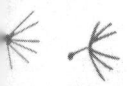 **人生法则**

> 说话含蓄，是一种艺术。"言有尽而意无穷，余意尽在不言中。"把重要的、该说的部分故意隐藏起来，或说得不显露，却又能让人明白自己的意思，这就是所谓"只可意会，不可言传"。之所以含蓄是说话的艺术，是因为它体现了说话者驾驭语言的技巧。